电切削机床
操作与加工

主　编　鲁红梅

副主编　丛日旭　周　勤

参　编　刁端琴　肖世国　谷天勇

　　　　吕　钢　彭　浪　刘钰莹

西南师范大学出版社

国家一级出版社　全国百佳图书出版单位

图书在版编目(CIP)数据

电切削机床操作与加工 / 鲁红梅主编. -- 重庆：
西南师范大学出版社，2016.8
ISBN 978-7-5621-8035-7

Ⅰ.①电… Ⅱ.①鲁… Ⅲ.①电加工 - 金属切削 - 机
床 - 操作②电加工 - 金属切削 - 机床 - 加工 Ⅳ.
①TG506

中国版本图书馆CIP数据核字(2016)第151688号

电切削机床操作与加工

主　编：鲁红梅

策　　划：刘春卉　杨景罡
责任编辑：曾　文
封面设计：畅想设计
出版发行：西南师范大学出版社
　　　　　地址：重庆市北碚区天生路2号
　　　　　邮编：400715
　　　　　电话：023-68868624
　　　　　网址：http://www.xscbs.com
印　　刷：重庆美惠彩色印刷有限公司
开　　本：787mm×1092mm　　1/16
印　　张：9
字　　数：176千字
版　　次：2016年12月 第1版
印　　次：2016年12月 第1次
书　　号：ISBN 978-7-5621-8035-7

定　　价：20.00元

　　尊敬的读者，感谢您使用西师版教材！如对本书有任何建议或
要求，请发送邮件至xszjfs@126.com。

编 委 会

主　任：朱　庆

副主任：梁　宏　吴帮用

委　员：肖世明　吴　珩　赵　勇　谭焰宇　刘宪宇

　　　　黄福林　夏惠玲　钟富平　洪　奕　赵青陵

　　　　明　强　李　勇　王清涛

前言
PREFACE

目前,制造工业的迅速发展,推动了制造技术的进步。数控电火花加工作为一种特种加工技术,在众多的工业生产领域起到了重要的作用。在模具制造行业,利用数控慢走丝电火花机床加工各种模具零件的工艺指标已达到了相当高的水平,其优异的加工性能是其他加工技术不可替代的。因此,未来数控电加工技术的发展空间是十分广阔的,并将朝着更深层次、更高水平的方向不断发展。

本教材的主要特点是:通过凸模镶片的电火花成型加工、凸模线切割加工等具体实例项目,每一项目分解出几个相应的任务,通过每个任务的实施,最终完成项目目标。每一项目的理论知识和实践操作方法分解到若干具体任务之中,通过读者实际操作练习,加工出具体产品来熟练掌握电加工机床的操作方法,在做的过程中领悟电加工方面的理论知识,避免了抽象理论的枯燥、乏味。

本教材是中等职业学校模具制造技术专业的教学用书,也可作为工厂技术培训教材使用。建议教学时数120学时。

全书由鲁红梅主编,丛日旭(大连职业技术学院)、周勤任副主编,刁端琴、肖世国、谷天勇、吕钢、彭浪、刘钰莹参与部分编写。全书由赵勇审稿。本书在编写的过程中,得到了西南师范大学出版社、重庆宝利根精密模具有限公司的大力支持和帮助,在此表示衷心的感谢。由于时间仓促,作者水平有限,书中错误之处在所难免,恳请读者批评指正。读者的建议和问题可发送至邮箱cqqgx@163.com。

目录
CONTENTS

录目

凸模镶片的电火花成型加工

　　本项目通过对下图凸模镶片的加工,主要介绍了电火花加工操作的一般流程。本项目的重点是能够按图纸要求正确操作机床,加工型腔零件,培养实际动手操作的能力。

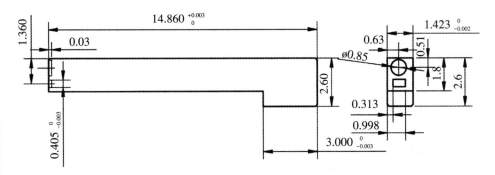

凸模镶片

目标类型	目标要求
知识目标	(1)掌握电火花成型加工参数的选择原则与方法 (2)掌握应用电火花成型机床加工零件的工艺过程
技能目标	(1)掌握电火花成型机床的操作方法(电极装夹、校正、工件定位、程序编辑和参数设置等) (2)能进行零件简单型腔的电火花成型加工
情感目标	(1)具有良好的职业道德、团队协作能力与实训创新能力,爱岗敬业 (2)具有一定的自我学习能力和吸收新技术、新知识的意识 (3)具有较强的安全和环保意识

任务一　认识电火花成型机床

 任务目标

(1)熟悉日本三菱电火花成型机床EA8的组成、作用。

(2)掌握机床参考点的概念和回参考点的目的。

(3)能正确操作机床开机、关机和回参考点。

(4)能正确操作手控盒。

 任务分析

在实习、实训车间,我们看见许多排列有序的电火花成型机床,工人师傅全神贯注地操作机床加工工件,车间呈现一派繁忙景象。如图1-1-1所示是电火花成型机床,请看图中数字所指的是机床的什么组成部分?它们的作用是什么?这类机床如何开机、关机?在加工前,机床怎么进行回参考点操作?

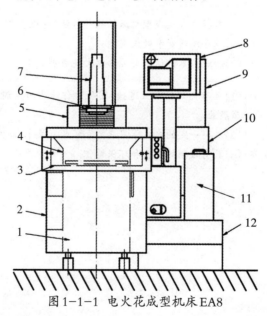

图1-1-1　电火花成型机床EA8

![任务实施]

一、任务准备

(1)操作时,不准穿背心、拖鞋、西装及短裤,不准穿宽松肥大的衣服,严禁在服用含有酒精类饮料和麻醉剂药物后操作机床。

(2)机床通电后,应观察机床有无异常动作和异常声音等情况,在确保无异常后,可以用手动状态进行主轴伺服控制系统的试验操作。

(3)启动工作液系统,将工作液注入槽中,使液面达到距槽顶边50 mm时停止,观察工作液槽是否有渗漏现象,以防工作液渗进导轨及丝杆等重要工作部位。

(4)为了安全,开机时严禁将脉冲电源中高压电源连接在电极接板上。

(5)严禁操作机床者站立在工作台面上进行其他工作。机床在工作时,操作机床人员严禁擅离岗位。

(6)应避免工具及其他硬质物品掉落在工作台面上。

(7)应经常在机床各润滑处进行加油润滑,以尽量延长机床使用寿命。机床边应安放灭火器等消防器材,消防器材不得挪作他用。

(8)工作完毕后,按保养规定需要清理机床,切断电源,关闭风扇及照明灯,经仔细查看后方可离开。

二、操作步骤

1. 电火花成型机床EA8操作界面认识(图1-1-2)

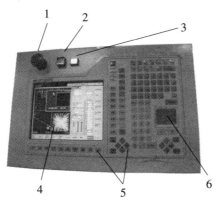

1—急停按钮;2—电源"OFF"开关;3—电源"ON"开关;4—显示器;5—平面键盘开关,指示灯;6—滑垫

图1-1-2 电火花成型机床EA8操作界面

(1)主要的指示灯和操作键如下。

POWER ON

:将控制装置及机床的电源设为"ON"。

POWER OFF

:将控制装置及机床的电源设为"OFF"。

EMERGENCY STOP

:机床所有动作全部锁定后,只有控制装置动作(行业术语,也称"运行")。

○Contact指示灯:电极与工件接触时,该指示灯点亮。

○Alarm指示灯:发生警告时,该指示灯亮。

HD Access :指示灯访问控制装置的硬盘(HD)时,该指示灯亮。

HD Warmup :电源打开时,若控制装置周围的温度小于5 ℃时,该指示灯亮。此时,画面显示"NO DISK ERROR",加热器动作。如果控制装置周围的温度超过5 ℃,"NO DISK ERROR"消失,系统启动。

Ready : 该按钮设为"ON"之后,该指示灯点亮,控制装置进入动作状态(运行状态)。

Screenoff :将画面的逆光设为"OFF"。

Manual ● Auto :切换运行模式。指示灯熄灭时为自动模式,显示监视画面。指示灯亮时,显示装调画面。另外,如果将"维护→环境设定"的"画面/模式切换"开关设为"ON",即使按此键,也不切换画面,只切换运行模式。

Fill :按此开关,使指示灯点亮后,开始"快速充满"。工作液充满到规定位置后指示灯自动熄灭。

Drain :工作液充满状态下若设为"ON",指示灯点亮,排除工作液。

Key Lock :该指示灯点亮后,除"急停"按钮,电源开关"关"按钮和本按钮之外所有键被锁定。手控盒上的键也被锁定。

Fluid On :用于显示工作液是否流动。指示灯点亮时,工作液流动;指示灯熄灭时,工作液停止流动。

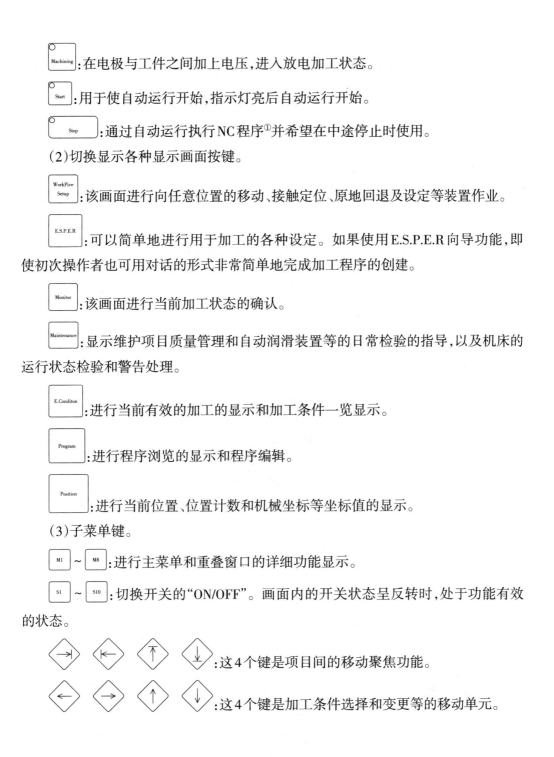

:在电极与工件之间加上电压,进入放电加工状态。

:用于使自动运行开始,指示灯亮后自动运行开始。

:通过自动运行执行NC程序[1]并希望在中途停止时使用。

(2)切换显示各种显示画面按键。

:该画面进行向任意位置的移动、接触定位、原地回退及设定等装置作业。

:可以简单地进行用于加工的各种设定。如果使用E.S.P.E.R向导功能,即使初次操作者也可用对话的形式非常简单地完成加工程序的创建。

:该画面进行当前加工状态的确认。

:显示维护项目质量管理和自动润滑装置等的日常检验的指导,以及机床的运行状态检验和警告处理。

:进行当前有效的加工的显示和加工条件一览显示。

:进行程序浏览的显示和程序编辑。

:进行当前位置、位置计数和机械坐标等坐标值的显示。

(3)子菜单键。

:进行主菜单和重叠窗口的详细功能显示。

:切换开关的"ON/OFF"。画面内的开关状态呈反转时,处于功能有效的状态。

:这4个键是项目间的移动聚焦功能。

:这4个键是加工条件选择和变更等的移动单元。

---

[1] NC(Numerical Control,数据控制,简称数控)程序:指用离散的数字信息控制机械等装置的运行,只能由操作者编写的程序。

：一个画面内显示不完全时，用"Page Up"按钮显示上一页，用"Page Down"按钮显示下一页。

：数据输入时使用。

（4）滑垫。

L　R：作为键输入的辅助手段使用（作用与鼠标相同）。

：作为聚焦输入的辅助手段使用。

2. 手控盒

机床手控盒外观如图1-1-3所示。

图1-1-3　手控盒

（1）按钮名称。

：原点回退；　　：端面定位；　　：放电法定位；

：孔中心定位；　　：1 cm倍率；　　：1 mm倍率；

X10：10 μm倍率；　　X1：1 μm倍率；　　：取消感应；

：手动指示灯；　　：示教；　　：置零；

：解除感知；　　：Z轴正向和负向移动；

:Y轴正向和负向移动; 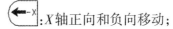:X轴正向和负向移动;

:C轴正向转动; :C轴负向转动。

(2)功能。

1)加工工作台的移动方法。

①在CRT设定显示装置上按"切换运行模式"按钮,使其指示灯点亮。

②从手控盒的移动速度切换按钮"1 cm倍率""1 mm倍率""10 μm倍率"和"1 μm倍率"中选择一个。

③如果按手控盒上的按钮"X轴正向或负向"和"Y轴正向或负向"任意一个,主轴头沿水平方向移动。如果按"Z轴正向或负向"按钮,主轴头沿垂直方向移动。

④如果按C轴旋转按钮,主轴头旋转移动。

2)高速、中速、低速移动。

①按"1 cm倍率"和"1 mm倍率"中的某个按钮。

②希望移动的轴和方向按"X轴正向"和"Y轴正向"某个按钮。

③在按轴和方向按钮期间移动。

④按"1 cm倍率"或"1 mm倍率"中的某个按钮之后,如果在0.5 s内再按一次按钮,则将以扩展模式的速度移动。此时,被选择的按钮熄灭。

3)用"1 μm倍率"或"10 μm倍率"进行微动。

①按"10 μm倍率"和"1 μm倍率"中的某个开关。

②按希望移动的轴和方向按钮。

③每按一次轴和方向按钮将分别移动1 μm或10 μm。

4)超低速移动。

①按"10 μm倍率"和"1 μm倍率"中的某个开关。

②按希望移动的轴和方向按钮。

③如果持续按相应按钮将以超低速移动。

5) (端面定位)。

该功能相对工件端面自动对电极进行定位。操作方法如下:

①按手控盒上的"端面定位"按钮,使其指示灯点亮。

②按希望进行端面定位的轴和方向按钮。

③在按轴和方向键的同时,开始进行端面定位。

在画面的NC状态显示部位上显示正在定位,定位完成时指示灯点亮,表示定位完成。

6) （原点回退）。

该功能用于进行向机床原点(第1原点)的定位。操作方法如下:

①按手控盒上的"原点回退"按钮,使其指示灯点亮。

②按希望进行原点回退的轴键按钮。

③在按轴键的同时,开始进行原点回退。

在画面的NC状态显示部位上显示正在定位,原点回退完成时,显示定位完成。

小提示

通过手控盒的原点回退必须要回退到第1原点(机床原点)。

7) （置零）。

该功能用于手控盒对当前位置进行置零。通过将当前位置置零,可以设定程序原点。操作方法:一边按 ,一边按希望置零的轴的手控盒上的键。

小提示

当单段停止或M0、M01停止时,用自动回退可以进行置零。但当在G41和G42半径补偿时,不能进行置零。

8) （孔中心定位）。

可以进行孔中心定位。操作方法如下:

①按手控盒上的"孔中心定位"按钮,使孔中心定位的指示灯亮。

②按轴键(X轴正、负方向,Y轴正、负方向)。

③在按轴键的同时,开始进行孔中心定位。在画面的NC状态显示部位上显示正在定位,孔中心定位完成时,显示定位完成。

9) （放电法定位）。

该功能用于对不能端面定位的没有基准面的电极和工件进行加工时。操作方法如下：

①按手控盒上的"放电法定位"按钮，使其指示灯点亮。

②按希望放电法定位的轴和方向键。例如，按"Z轴负方向"按钮后，开始在 $-Z$ 轴方向定位。

③执行放电法定位时，不能进行加工条件的更改。要更改加工条件时，显示"正在放电法定位"。

④执行放电法定位时，不能使"工作液流动"按钮和"快速冲液"按钮设为"ON"。

若将"工作液流动"按钮和"快速冲液"按钮设为"ON"，显示"正在放电法定位"。另外，如果在工作液流动、快速充满中选择放电法定位模式时，"工作液流动"按钮和"快速冲液"按钮将设为"OFF"。

⑤放电法定位的执行在5分钟后自动变为"OFF"。

再次启动放电法定位，将再一次执行5分钟的放电法定位。

如果希望放电法定位在5分钟之内结束时，通过"重启"按钮或"放电法定位"按钮解除。

警告

在执行放电法定位的过程中，请不要离开机床，必须要确认状况。

小提示

在放电法定位的反方向请留有充分的余地。

如果短路，电极向放电法定位的相反方向移动，因此如果在相反的一侧有工件，将使电极破损。

10) （解除感知）。

该功能在接触时可以移动轴。可以使与工件接触的电极向工件的另一侧移动。操作方法：一边按该按钮，一边按希望移动的轴的手控盒上的键。

11) (示教)。

如果工件没有放置在一定的位置时,需要记忆工件被放置的位置。因此,用"端面定位"和"置零",如果分别记住作为基准的工件原点,则可以进行从各工件原点开始的加工。

所谓示教,是指用手控盒上的该按钮,记忆作为加工基准的工件的原点。

所记忆的原点最多可记录100个,可以在E.S.P.E.R及存储器运行的编程时使用。操作方法如下:

①用手控盒上的轴移动键将轴移动到希望作为基准的位置。

②用"取消感应"按钮的X、Y和Z方向的定位键对工件的各端面进行定位。

③按"示教"按钮,进入工件坐标系选择模式。

④按"1 cm倍率"或"1 mm倍率"按钮选择工件坐标No.(W0~W99)。工件坐标请在装调画面的"W"显示处加以确认。

⑤一边按"置零"按钮,一边按移动键,设定在第4步中选择的工件坐标的程序原点。

⑥所记忆的工件坐标系的程序原点位置可以在工件坐标复位画面内的"一览显示"中加以确认。

12) (取消感应)。

电极形状复杂,用柱中心等已经存在的定位参数难以测定偏心时,可以用手控盒进行偏心的设定,从而使得异形电极的偏心测量作业容易进行。操作方法如下:

①用所记忆的状态"T10柱完成"确认基准电极位置T10。如果没有记忆,请在柱中心画面上记忆。

②请用工件装调画面更换希望测量偏心的电极。如果在更换时没有设定电极的偏心量,由于可能会与工件等冲突,所以请在充分大的地方进行更换。

③请用手控盒手动移动测量电极,进行端面定位,将电极移到偏心测量位置。

④一边按"取消感应"按钮,一边按X轴正、负向等轴键后,出现消息"偏心设定完成",各轴的偏心量被设定。

3.操作机床开机、关机

(1)操作开机。

先将机床电源总开关置于"ON",如图1-1-4所示;按下稳压器电源开关,如图1-1-5所示;按下稳压器2个绿色开关,绿色指示灯亮,如图1-1-6所示;将电源柜开关置于"ON",如图1-1-7所示;机床操作面板"急停"按钮提起,按下操作面板上的电源开关"ON",如图1-1-8所示,数控系统启动。

图1-1-4　机床电源总开关

图1-1-5　稳压器电源开关

图1-1-6　稳压器绿色开关

图1-1-7　电源柜开关

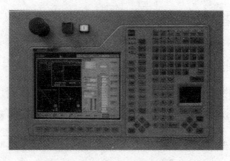

图1-1-8 机床操作面板

（2）操作关机。

关机与开机顺序刚好相反。即按下操作面板上电源开关"OFF"，按下"急停"按钮，电源柜开关置于"OFF"，按下稳压器上的2个红色电源开关，将稳压器的电源开关置于"OFF"，最后向下拉动机床电源总开关。

4. 机床回参考点

电源打开后，一定要进行所有轴的原点回退。

（1）按手控盒上的 ，指示灯亮。

（2）确认加工槽中没有障碍物。

（3）按手控盒上的轴键。机床动作，移动到机床固有的原点位置后，停止动作。机床原点位于Z轴上侧、X轴左侧和Y轴里侧。

（4）回参考点完成后，在当前位置的显示数值的末端显示记号#1。

相关知识

一、电火花成型机床组成及作用

1. 床身和立柱

床身和立柱是机床的基础部件，由它确保电极与工作台和工件之间的相对位置。床身和立柱的位置精度的高低直接影响加工精度。因此，不但床身和立柱的结构应合理，还应有较高的刚度，能承受主轴负载和运动部件突然加速运动的惯性力，还应能减少温度变化引起的变形。

2. 工作台

工作台主要用来支撑和装夹工件。通过转动纵向、横向丝杆来改变电极与工件的相对位置,工作台装有工作油箱,用以容纳工作液,使电极和工件浸泡在工作液里起到冷却和排屑作用。

3. 主轴头

主轴头是电火花成型加工机床的关键部件,由伺服进给机构驱动,控制工件与工具电极之间的放电间隙。一方面对工具电极进行安装、紧固和按要求进行找正;另一方面还能自动调整工具电极的进给速度,使之随着工件蚀除而不断进行补偿进给,保持一定的放电间隙,从而进行持续的火花放电加工。

主轴头的好坏直接影响加工质量的优劣,如尺寸精度和表面粗糙度的高低。因此,主轴头要有一定的轴向和侧向刚度,较好的运动的直线性能、灵敏度,无爬行现象和足够的承载能力。

4. 工作液

(1)工作液的作用。

①能使电蚀产物较易从放电间隙中悬浮、排泄出去,避免放电间隙严重污染,导致火花放电不分散而形成有害的电弧放电。

②冷却工具电极和降低工件表面瞬时放电产生的局部高温,避免表面因局部过热产生积炭、烧伤。

③还可压缩火花放电通道,增加通道中压缩气体等离子的膨胀及爆炸力,以抛出更多熔化和汽化的金属,增加蚀除量。

(2)对工作液的要求。

低黏度,高闪点,稳定性能好,绝缘性能好,安全,对工件不污染、不腐蚀且价格低。

(3)常用工作液的种类。

目前,煤油和电火花机油主要作为电火花加工的工作液,但是煤油易于着火,气味重,高挥发性,颜色偏黄,抗氧化性差,起泡高。

电火花机油是从煤油组分加氢得到的产物,也称为火花油、电火花油和火花机油。电火花机油能够绝缘消电离、冷却电火花机加工时的高温、排除碳渣。

5. 脉冲电源

脉冲电源的作用是把工频交流电转换成供给火花放电间隙所需的能量来蚀除金属。脉冲电源对电火花加工的生产率、表面质量、加工速度、加工过程的稳定性和工具电极损耗等指标有很大的影响。

6. 伺服进给

保证加工中具有正确的放电间隙,使电火花加工能够正常进行。

电火花加工与切削加工不同,属于"不接触加工",正常电火花加工时,工具和工件之间有一放电间隙。如果间隙过大,脉冲电压击不穿间隙间的绝缘工作液,则不会产生火花放电,必须使电极工具向下进给,直到间隙等于或小于某一值(一般0.01~0.1 mm,与加工标准有关)才能击穿并产生火花放电。在正常的电火花加工时,工件以某一速度被蚀除,间隙将逐渐扩大,必须使电极工具以一定速度补偿进给,以维持所需的放电间隙。如进给量大于工件的蚀除量,则间隙将逐渐变小,甚至等于零,形成短路。当间隙过小时,必须减小进给量。如果工具工件间短路,应消除短路状态,随后再重新向下进给,调节到所需的放电间隙。

二、电火花加工的特点

电火花加工是与机械加工完全不同的一种新工艺,电火花加工是利用特定几何形状的放电电极在金属零件上烧灼出电极几何形状的加工。

电火花加工最适合应用于机械加工难以实现的高硬度、高熔点、高强度、高脆性和高黏性金属材料的加工,细、窄缝类,小孔,深孔,畸形孔和薄壁件等的加工。

下面简要介绍一下几个相关的概念。

机床坐标系:为了确定机床的运动方向和移动位置,需要在机床上建立一个坐标系,这个坐标系叫作机床坐标系。在电火花机床中,X轴、Y轴和Z轴的相互关系用右手笛卡尔直角坐标系来确定。

工件坐标系:是用于确定工件几何图形上各几何要素位置而建立的坐标系,是为了编程的需要。工件坐标系原点即是工件零点。

机床原点:机床原点即机床坐标系的原点,是在机床装配和调试时就已经确定好的固定位置,不允许更改。

机床参考点:机床制造厂家出厂时已经确定好,坐标值已输入数控系统中。

回参考点的目的是为了建立数控机床坐标系,确定机床坐标系原点。电火花成型机床开机后要回参考点,即X、Y、Z轴回到其轴的正极限处。这样,机床的控制系统才能复位,刀具移动才有依据,不会出现机床运动紊乱现象。

任务评价

认识电火花成型机床任务评价见表1-1-1。

表1-1-1　认识电火花成型机床评价表

评价内容	评价标准	分值	学生自评	教师评价
学习态度	态度积极、认真	20分		
认识电火花成型机床组成及其作用	能准确说出电火花成型机床的组成部件及其作用	20分		
操作机床开、关机	操作正确	20分		
操作机床回参考点	操作正确	20分		
情感评价	能做到虚心学习,不懂主动问老师,帮助同学,爱护设备等	20分		
学习体会:				

练一练

(1)识别图1-1-9所示机床各组成部分,在相应位置填写名称和作用。

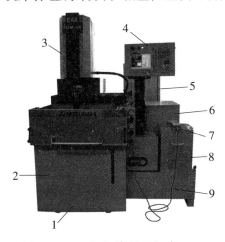

图1-1-9　电火花成型机床

1._____

2._____

3._____

4._____

5._____

6._____

7._____

8._____

9._____

(2)通过网络查阅电火花成型机床相关资料,写出与电火花线切割机床的不同之处。

任务二　工件的安装与找正

任务目标

工件的安装与定位任务就是要将工件安装在工作台上,并使工件处于正确的加工位置。本任务的目标主要是掌握工件装夹工具的作用、千分表和磁性表座的结构,会安装工件并能找正工件位置,使工件的加工基准面和机床的 X、Y 轴平行。

任务分析

本任务的工作流程如下:

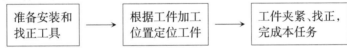

准备安装和找正工具 →　根据工件加工位置定位工件 →　工件夹紧、找正,完成本任务

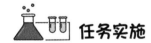

任务实施

一、工具、量具准备

工件安装工具、量具准备清单,见表1-2-1。

表1-2-1　工具、量具清单表

序号	名称	数量
1	千分表	1
2	磁性表座	1
3	内六角扳手	1
4	铜棒	1

二、任务实施步骤

(1)在机床工作台上安装挡块。

（2）将磁性吸盘和工件安装表面擦拭干净,吹干水分。

（3）将工件轻轻放置在磁性吸盘上挡块所确定的位置,然后将内六角扳手插入磁性吸盘孔中,将扳手扳至"ON"位置,如图1-2-1所示。

图1-2-1　工件安装

（4）将千分表安装在磁性表座上,并将磁性表座固定在机床主轴上,如图1-2-2所示。

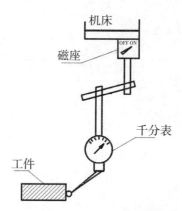

图1-2-2　千分表安装

（5）操作手控盒,调整千分表位置,让千分表测头靠近工件基准面。

（6）用手控盒调整机床主轴,使千分表测量头接触工件X方向基准面,并使测头在X轴上移动。观察表针摆动,用铜棒轻敲工件,直到表针摆动不超过1~2格位置(对本例件来说不能超过0.003 mm)。

（7）用手控盒调整机床主轴,使千分表测量头接触工件Y方向基准面,并使测头在Y轴上移动。观察表针摆动,用铜棒轻敲工件,直到表针摆动不超过1~2格位置。

（8）操作手控盒,将主轴移到适当位置。

（9）取下千分表,放置到规定位置。

以上是工件安装与找正的通用方法,对本项目的例件来说,因工件加工位置在端面上,需竖起定位,所以需先安装挡块,如图1-2-3所示。

图1-2-3　工件、挡块的安装

 **相关知识**

一、工件的装夹和找正工具

1. 装夹工具

电火花成型加工工件的装夹与机械加工相似,由于电火花成型加工的作用力很小,因此工件更容易装夹。在实际生产中,工件装夹的工具有:压板、磁性吸盘和角度导磁块等,后两者如图1-2-4所示。

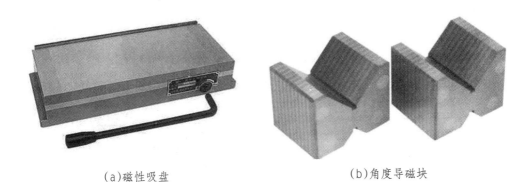

（a）磁性吸盘　　　　　　　　　　（b）角度导磁块

图1-2-4　装夹工具

用压板固定工件如图1-2-5(a)所示;用吸盘固定工件时,是靠吸盘的磁力将工件吸紧在吸盘上的,如图1-2-5(b)所示。

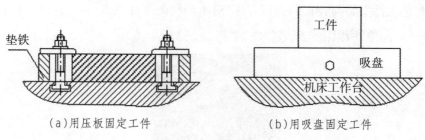

(a)用压板固定工件　　　　　　　(b)用吸盘固定工件

图1-2-5　固定工件

内六角扳手是一种专门用于拧转内六角螺栓的工具,如图1-2-6所示。本机床上用于锁紧磁性吸盘和安装压板等。

图1-2-6　内六角扳手

2.校正工具

(1)校正表。

工件装夹后,要对其进行校正。工件的校正就是使工件的工艺基准与机床的X、Y轴的轴向平行,以保证工件坐标系方向与机床坐标系方向一致。目前最常用的校正工具是校正表,校正表由指示表和磁性表座组成,如图1-2-7所示。

指示表有千分表和百分表两种。百分表的指示精度为0.01 mm,千分表的指示精度为0.001 mm。电火花成型加工属于精密加工,一般使用千分表校正工件。

图1-2-7　校正表及表座

（2）铜棒。

工件位置找正过程中，需要对工件轻轻敲击，为了防止工件敲伤，需用较软的铜棒敲击。铜棒如图1-2-8所示。

图1-2-8 铜棒

二、工件的找正方法

校正工件时，将千分表的磁性表座固定在机床主轴或床身某一适当位置，同时将表架摆放成便于校正工件的形式，再使用手控盒移动相应的轴，使千分表的测头与工件的基准面相接触，直到千分表的指针有指示数字为止，然后纵向或横向移动机床主轴。根据千分表的读数变化调节工件的基准面使其与机床X、Y轴平行，使用小铜棒轻轻敲击工件来调整其平行度。如果千分表的读数变化较大，可以稍用力敲击；如果千分表的读数变化很小，就要耐心地轻轻敲击，直到达到满意精度要求为止，如图1-2-9所示。

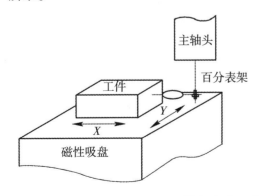

图1-2-9 工件找正示意图

任务评价

工件的安装与找正任务评价见表1-2-2。

表1-2-2　工件的安装与找正评价表

评价内容	评价标准	分值	学生自评	教师评价
工件、工具擦拭干净	符合要求	10分		
工件安放在磁性吸盘上	位置正确	10分		
安装千分表	位置正确	10分		
操纵手控盒,找正工件X轴位置	操纵方法正确,工件位置正确	20分		
操纵手控盒,找正工件Y轴位置	操纵方法正确,工件位置正确	20分		
使用铜棒轻击工件	用力大小适当	10分		
工具、量具放置	位置正确	10分		
情感评价	能主动学习,善于思考,不懂多问	10分		
学习体会:				

任务三　电极的设计

任务目标

(1)学会电火花加工中电极的一般设计方法。

(2)设计图示电火花冲孔落料模的工具电极,并在图上标注出工具电极的尺寸。

冲压件尺寸为15 mm×15 mm,材料为硅钢片,凹模的加工深度为50 mm,凸、凹模之间的放电间隙为0.1 mm。如图1-3-1所示。

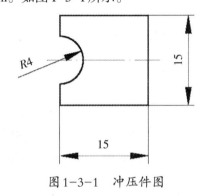

图1-3-1　冲压件图

任务分析

本任务通过学习冲孔落料模工具电极设计方法,完成简单冲孔落料模工具电极的设计。

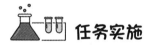
任务实施

一、任务准备

1.电极结构和材料

电极结构设计要考虑到工具电极与机床主轴连接后,重心应位于主轴中心上,否则会因附加的偏心矩使电极轴线偏移,影响加工精度。通常在保证电极刚度条件下,采用开减重孔来减轻电极质量。但减重孔不能开通,孔口要向上,如图1-3-2所示。

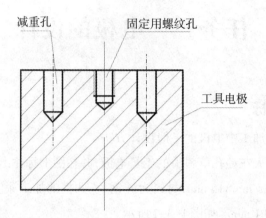

图1-3-2　减重孔示意图

电极的结构形式有整体式、镶拼式和组合式。其中整体式电极是最常用的结构形式。常用工具电极材料有石墨、纯铜、黄铜、铸铁和钢等。

2. 冲孔落料模工艺分析

电火花冲孔落料模是生产上应用得较多的一种模具,由于形状复杂和尺寸精度要求高,它的加工是生产中的关键技术,特别是凹模工件的加工。通常的方法是利用线切割加工凸模,再利用凸模作为工具电极在电火花成型机床上"反打"来加工凹模。

3. 工具电极长度的设计

电极长度取决于模具的结构形式、加工深度、电极材料、型孔的复杂程度、装夹形式、使用次数、电极制造工艺等因素。对于结构简单且电极底平面平整的盲腔,电极长度估算公式为(如图1-3-3所示):

$$L = kH + H_1 + H_2 + (0.4 \sim 0.8)(N-1)kH$$

式中:

L——所需要的电极长度。

H——凹模有效加工厚度。

H_1——较小电极端部挖空时,电极所需加长的部分。

H_2——较小电极端部不宜制作螺纹孔而必须用夹具夹持电极尾部时,需要增加的夹持长度(10~20 mm)。

k——与电极材料、加工方式、型孔复杂程度等因素有关的系数,电极材料损耗小、型孔较简单、电极轮廓尖角较少时,k取小值;反之,k取大值。k值经验数据:石墨1.7~2,纯铜2~2.5,黄铜3~3.5,钢3~3.5。

电极使用次数多,加工硬质合金等要适当加长,具体参考相关资料。

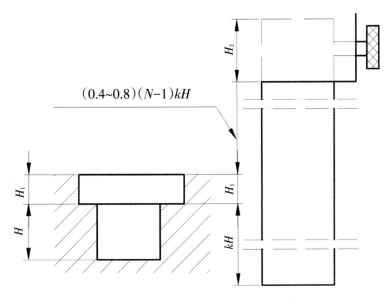

图1-3-3 电极长度计算说明示意图

4. 工具电极水平截面尺寸的设计

凸、凹模的尺寸公差往往只标注一个,另外一个与之配合,以保证一定的间隙。因此,电极截面尺寸的设计可分两种情况:

(1)按凹模尺寸和公差设计电极截面尺寸。

因为穿孔加工所获得的凹模型孔和电极截面轮廓相差一个放电间隙,如图1-3-4所示,图中电极与凹模的轮廓中,点画线表示电极轮廓。根据凹模尺寸和放电间隙便可计算出电极截面上相应的尺寸。如图中尺寸 d 的计算方法为:

$$d=D-2S$$

式中:

        d—— 电极尺寸。

        D—— 型孔尺寸。

        S—— 单边放电间隙。

为了保证凹模精度,电极的尺寸精度不应低于型孔的尺寸精度,通常,电极尺寸的公差可取凹模型孔尺寸公差的1/3 ~ 1/2。

(2)按凸模尺寸和公差确定电极截面尺寸。

随着凸、凹模配合间隙的不同,可分以下三种情况:

①凸、凹模的配合间隙 Z 等于双面放电间隙(即 $Z=2S$)时,电极与凸模截面尺寸完全相同。

②凸、凹模的配合间隙 Z 大于双面放电间隙(即 $Z > 2S$)时,电极截面轮廓为凸模截面轮廓每边外偏一个数值 $(Z-2S)/2$ 而成。

③凸、凹模的配合间隙 Z 小于双面放电间隙(即 $Z < 2S$)时,电极截面轮廓为凸模截面轮廓每边内偏一个数值 $(2S-S)/2$ 而成。

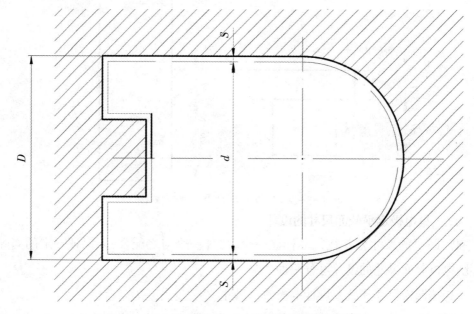

图1-3-4 电极与凹模的轮廓

综上所述,三种情况有下式:

$$a=(Z-2S)/2$$

式中,a——电极相对于凸模每边外偏量或内偏量;

　　Z——凸、凹模双面配合间隙;

　　S——单面放电间隙(指用末挡精规准精加工时,凹模下口的放电间隙)。

$a \geq 0$,为第一、二种情况;$a < 0$,属于第三种情况。

二、操作步骤

1. 工艺分析

根据任务描述,采取凸模加工凹模的方法,确定工具电极材料。

2. 计算工具电极的高度

根据 $L= kH +H_1 + H_2 +(0.4 \sim 0.8)(N - 1)kH$,计算出电极高度。

3. 计算工具电极的水平截面尺寸,标注在图1-3-5上

按公式 $d=D-2S$ 进行计算。

4. 在图1-3-5上标注电极截面尺寸

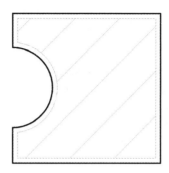

图1-3-5 工具电极尺寸

任务评价

电极的设计任务评价见表1-3-1。

表1-3-1 电极的设计评价表

评价内容	评价标准	分值	学生自评	教师评价
电极材料选择	符合要求	10分		
工具电极高度计算	计算正确	20分		
工具电极水平截面尺寸计算	计算正确	40分		
尺寸标注	正确、完整	20分		
情感评价	能主动学习,善于思考,不懂多问	10分		
学习体会:				

任务四　电极的装夹与定位

任务目标

（1）明确工具电极对加工产品质量的影响。

（2）掌握对工具电极的基本要求。

（3）熟悉黄铜工具电极的特点。

（4）掌握工具电极装夹。

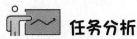

任务分析

在电火花成型加工中，工具电极材料的性能直接影响加工稳定性、加工速度、电极损耗率和工件表面质量等。因此，正确选择工具电极材料对电火花成型加工至关重要。作为工具电极应满足哪些基本条件？常用工具电极材料是黄铜，其加工和装夹又是怎样的呢？

任务实施

一、任务准备

1. 认识工具电极材料

具体见"相关知识"。

2. 认识电极装夹系统

在进行电极制造时，为了避免因装卸而产生定位误差，往往将要加工的电极坯料装夹在即将进行电火花加工的装夹系统上，如图1-4-1所示。

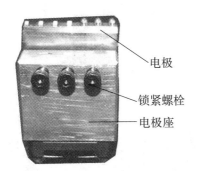

图 1-4-1 电极装夹

二、操作步骤

1. 电极装夹

（1）把已加工好的电极装置上的 3R 弹片和夹紧插销配合固定。如图 1-4-2、图 1-4-3 所示，即将夹紧插销放入 3R 弹片，旋转夹紧插销一定角度即可夹紧 3R 弹片，此时电极座与夹紧插销固定为一个整体。

（2）将夹紧插销放入主轴头上 3R 底座的定位孔，用螺丝刀旋紧 3R 底座螺纹，如图 1-4-4 所示。

（3）螺丝刀不能旋得太紧，避免螺纹滑丝，也不需太紧，因为在加工过程中电极受力很小，如图 1-4-5 所示。

图 1-4-2 工具电极上的 3R 弹片和夹紧插销

图 1-4-3 3R 弹片和夹紧插销的固定连接

图1-4-4　工具电极装夹在主轴头上　图1-4-5　工具电极装夹在主轴头上,不能拧太紧

2. 电极定位前的准备与计算

(1)测量电极尺寸,测量结果如图1-4-6所示。

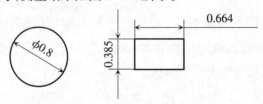

图1-4-6　测量电极尺寸

(2)分析定位尺寸,如图1-4-7所示。

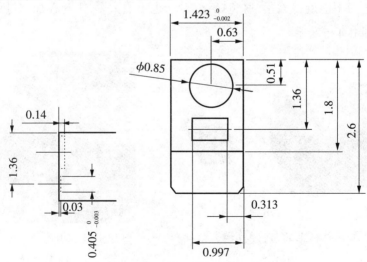

图1-4-7　工件加工尺寸

①圆形腔体的定位:X方向感应右边定0位,0.63+0.8/2=1.03

　　　　　　　　　Y方向感应上边定0位,0.51+0.8/2=0.91

②矩形腔体的定位:X方向感应右边定0位,(0.997-0.313)/2+0.313+0.664/2=0.342+0.313+0.332=0.987,Y方向感应上边定0位,1.36+0.385/2=1.5525。

（3）确定电极缩小量。

①圆形腔体的电极缩小量=(工件尺寸-电极尺寸)/2=(0.85-0.80)/2=0.025，

②矩形腔体的电极缩小量分X和Y两个方向：

X方向电极缩小量=(X方向工件尺寸－X方向电极尺寸)/2=(0.997-0.313－0.664)/2=0.01。

Y方向电极缩小量=(Y方向工件尺寸－Y方向电极尺寸)/2=(0.405-0.385)/2=0.01。

3. 电极定位（此处以加工圆形腔体为例进行说明）

（1）在屏幕上选定一个坐标系，如图1-4-8所示，所选定的坐标系即为工件的加工坐标系（加工过程中，如需测量工件尺寸，则需重新选定测量坐标系）。

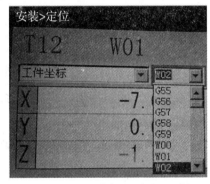

图1-4-8 选择工件坐标系

（2）将电极移到工件的目测中心处，感应Z轴方向，设0点，因为工件表面多有毛刺，所以设0后再感应几次，以负值为准设0（如果出现正值，说明工件底面或工作台表面未清理干净）。

（3）X方向感应找孔中心。

先把电极移至右侧面适当位置，按"下感应键－X方向"—停止后设0点（再感应几次，以负值为准设0）；提起主轴，移动量X输入－1.03—"ENTER"—"START"，电极移到X方向中心位置，X坐标设0。

（4）Y方向感应找孔中心。

把电极移至上侧面适当位置，按"下感应键－Y方向"—停止后设0点（再感应几次，以负值为准设0）；提起主轴，移动量Y输入－0.91—"ENTER"—"START"，电极移到Y方向中心位置，Y坐标设0。

小提示

矩形腔体的电极定位过程同圆形腔体。

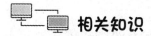 **相关知识**

一、对工具电极的基本要求

导电性能好、电腐蚀困难、电极损耗小、具有足够的机械强度、加工稳定、效率高、材料来源广、价格便宜。

二、常用工具电极的特点

黄铜是由铜和锌所组成的合金。稳定性好,制造容易,适宜中小规模情况下加工,一般精密的小电极选用此材料;缺点是电极损耗大,不容易使被加工工件一次成型。一般用于简单精密模具加工。

石墨材料做电极一般用于大电极的制造。石墨电极具有良好的抗热冲击性和耐腐蚀性,热膨胀系数小,高温下具有良好的机械强度,精加工时电极损耗大,加工表面光洁度略低于紫铜电极。

紫铜电极塑性好、熔点低、热膨胀系数低、加工稳定性好、相对电极损耗小、适应性广,适用于制造精密花纹模具的电极。

任务评价

电极装夹与定位的任务评价见表1-4-1。

表1-4-1　电极装夹与定位评价表

评价内容	评价标准	分值	学生自评	教师评价
学习态度	态度积极、认真	20分		
认识工具电极材料	能准确说出工具电极常使用的材料	20分		
装夹工具电极	装夹正确	20分		
电极的正确定位	定位正确	30分		
情感评价	能做到虚心学习,不懂多问,帮助同学,爱护设备等	10分		
学习体会:				

任务五　程序编制与加工

 任务目标

(1)熟悉电火花成型机床EA8的程序界面和加工界面。

(2)学会创建简单零件的加工程序。

(3)熟悉工件加工的流程。

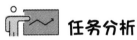 **任务分析**

在电火花成型机床EA8上,将工件定位、电极对刀后,还需要完成程序输入与编辑,才可以进行工件加工。

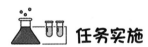 **任务实施**

一、任务准备

(1)测量工具:游标卡尺、校表、撬棒等。

(2)安装工件和定位。

(3)安装电极。

(4)电极对刀。

二、操作步骤

按 ┌─────┐
　　│E.S.P.E.R│ 进入程序界面,就可以输入程序和编辑。按以下步骤操作:
　　└─────┘

（1）输入坐标系和开始位置，如图1-5-1所示。

E.S.P.E.R Ⅱ			加工程序L		注释:	已更改
顺序编号P	1-	2-	3-	4-	5-	6-
工件编号 W	02					
开始位置 X	0.000					
Y	0.000					
Z	1.000					
C						
加工深度 Z						
X						
Y						
C						
加工条件 E						
摇动类型 D						
辅助代码 M						
第一个电极 T						
电极缩小量 R						
第二个电极 T						
电极缩小量 R						
详细设定 G						

图1-5-1　输入坐标系和开始位置

①工件编号就是坐标系名称。

②开始位置因为X、Y在电极定位时已清零，所以均输入0；Z坐标不能输入0，因为会造成工件和电极表面相撞，但输入值过大又会降低加工效率，一般输入1.000。

（2）输入加工深度和检索加工条件，如图1-5-2所示。

E.S.P.E.R Ⅱ			加工程序L		注释:	已更改
顺序编号P	1-	2-	3-	4-	5-	6-
工件编号 W	02					
开始位置 X	0.000					
Y	0.000					
Z	1.000					
C						
加工深度 Z		-0.14				
X						
Y						
C						
加工条件 E						
摇动类型 D						
辅助代码 M						
第一个电极 T						
电极缩小量 R						
第二个电极 T						
电极缩小量 R						
详细设定 G						

图1-5-2　输入加工深度和检索加工条件

鼠标点中如图1-5-2所示"加工条件E"格，按下"M6"按钮即为"检索加工条件"，弹出如图1-5-3所示下拉菜单，按下"M7"按钮即选择对应的"EXPERT"，进入"加工条件专家系统"。

图1-5-3　检索加工条件

图1-5-4所示"加工条件专家系统"里的参数改成本例题加工参数,比如加工深度改为－0.14,电极缩小量改为0.025,电极底面积改为1(电极实际底面积为0.57,可取稍大值输入,因为如果值太小,则检索出来的间隙值会很小,影响加工速度),摇动类型选择"圆弧"。如图1-5-5所示,"优先权"里要根据工件的具体要求选择,如果电极为小齿或者清角加工情况下,则选择"重视电极损耗";如果电极底面积较大且精度要求不高的情况下,则可选择"重视加工速度";一般情况下默认"STANDARD",即"标准"的意思。

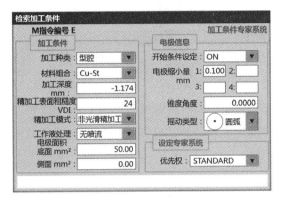

图1-5-4　加工条件专家系统

图1-5-5　优先权选择

以上各项设定完后,按"M1"按钮"执行检索",弹出如图1-5-6所示对话框,这里面的数值可以在0~99之间任意选择一个值输入。然后点击"确定",弹出如图1-5-7所示对话框,可以选择"是";如不想覆盖,则点击"否",重新输入一个数值即可。

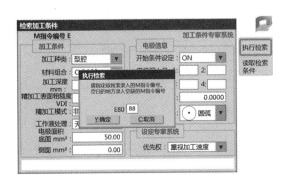

图1-5-6　执行检索

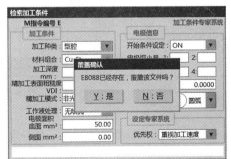

图1-5-7　执行检索

检索完成后,生成如图1-5-8所示"执行检索"后的结果。

E.S.P.E.R II			加工程序L		注释:	已更改
顺序编号P	1-	2-	3-	4-	5-	6-
工件编号W	02					
开始位置X	0.000					
Y	0.000					
Z	1.000					
C						
加工深度Z		-0.14				
X						
Y						
C						
加工条件E		8088				
摇动类型D		200				
辅助代码M						
第一个电极T						
电极缩小量R		0.025				
第二个电极T						
电极缩小量R						
详细设定G						

图 1-5-8 执行检索后的结果

如图 1-5-9 所示,在第三列输入"加工完成后 Z 轴回退量",第四列输入"Y 轴回退量",则主轴回到安全位置,第五列的"辅助代码 M"输入"89";意为加工完成后放油的意思。至此,整个圆形腔体部分的程序编辑完成。

E.S.P.E.R II			加工程序L		注释:	已更改
顺序编号P	1-	2-	3-	4-	5-	6-
工件编号W	02					
开始位置X	0.000					
Y	0.000			50.0		
Z	1.000		50.0			
C						
加工深度Z		-0.14				
X						
Y						
C						
加工条件E		8002				
摇动类型D		200				
辅助代码M					89	
第一个电极T						
电极缩小量R		0.025				
第二个电极T						
电极缩小量R						
详细设定G						

图 1-5-9 完整程序

按"M1"对应的"文件",如图 1-5-10 所示,再按"M3"对应的"保存",即程序保存完毕。

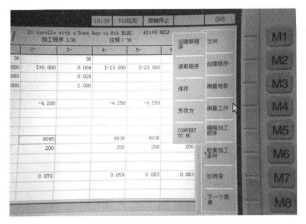

图 1-5-10　程序文件保存

（3）按下"Monitor"按钮，进入加工界面，如图 1-5-11 所示。按下"M1"后，最后按"START"键，程序执行。

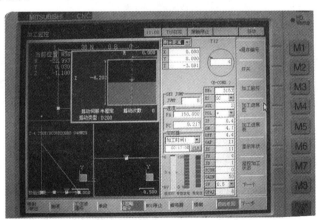

图 1-5-11　加工界面

若在加工过程中修改程序，就需要刷新作业，程序才会更新。刷新的方法是按"E. S.P.E.R"进入程序界面，按"M1"按钮，再按"M1"按钮即可。

🔍 **小提示**

　　加工完成后，要安全停靠。以电极与工件不发生冲突为原则，选择合适位置停放。

 **相关知识**

一、摇动加工的特点

（1）能精确控制加工尺寸精度。

（2）能加工出复杂的形状，如螺纹。

（3）能提高工件侧面和底面的表面粗糙度。

（4）能加工出清棱、清角的侧壁和底边。

（5）能变全面加工为局部加工，有利于排屑和加工稳定。

（6）对电极尺寸精度要求不高。

二、摇动加工的常见方式

具体采用何种摇动方式，要根据零件的形状选择相应的摇动方式，如图1-5-12所示。

（a）正方形　　　　　　　（b）六边形　　　　　　（c）圆形

图1-5-12　摇动加工方式

任务评价

输入程序、加工操作的任务评价表见表1-5-1。

表1-5-1　输入程序、加工操作评价表

评价内容	评价标准	分值	学生自评	教师评价
学习态度	态度积极、认真	15分		
认识操作加工界面	能正确说出操作加工界面各按钮的功能	30分		
使用测量工具	使用方法正确	10分		
正确输入程序	输入正确	30分		
情感评价	能做到虚心学习，不懂多问，帮助同学，爱护设备等	15分		
学习体会：				

（1）写出如图1-5-13所示工件的电极定位的过程,编制加工程序,并加工出腔体。

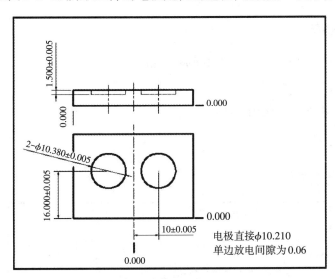

图1-5-13 作业一

（2）写出如图1-5-14所示工件的电极定位的过程,编制加工程序,并加工出腔体。

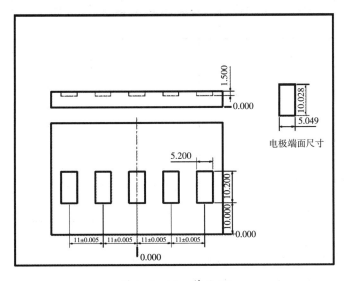

图1-5-14 作业二

任务六　斜面型腔零件的电火花成型加工

 任务目标

(1)学会在零件斜面上加工型腔的加工过程。

(2)学会正弦规的使用方法。

(3)学会垫块的组合使用方法。

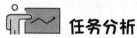 **任务分析**

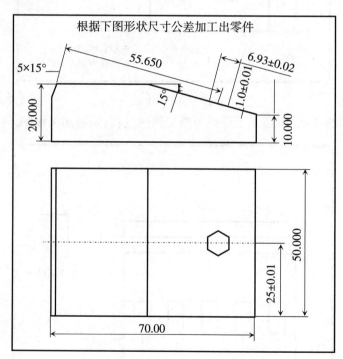

图1-6-1　斜面打六边形孔零件图

该加工任务是利用电火花成型机床加工如图1-6-1所示的六边形型腔。其难点在于工件的找平和电极的找正及定位。

任务实施

一、任务准备

1. 工件毛坯的准备

已备好工件毛坯,需要进行毛坯毛刺的打磨、清洁等操作。

2. 电极的准备

已加工好电极,需要进行电极尺寸的测量。

3. 工具、量具的准备

杠杆千分表及表座,长度块规套组,油石或纤维油石,带函数的计算器,正弦磁力工作台,笔记本。

4. 计算垫块高度

$H = L \sin \alpha = 100 \times \sin 15° = 25.882$(其中100为假设我们选择的是中心距为100的正弦工作台)。

5. 选择量块组合(以工厂现有46块组合套装为例)

量块组的尺寸:25.882 mm。选用的第一块量块尺寸为1.002 mm,剩下的尺寸为24.88 mm;选用的第二块量块尺寸为1.08 mm,剩下的尺寸为23.8 mm;选用的第三块量块尺寸为1.8 mm,剩下的尺寸为22 mm;选用的第四块量块尺寸为2 mm,剩下的即为第五块量块,尺寸为20 mm。

二、操作步骤

1. 开机

启动机床电源进入系统,操作主轴回零点。

2. 电极的装夹与校正

(1)装夹电极。

如图1-6-2所示,因电极较短,可先使用平口钳夹持,然后再安装于平动头里。

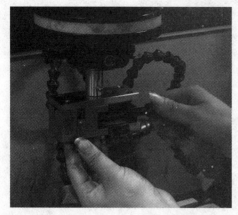 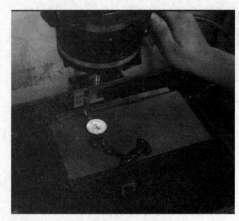

图1-6-2　电极的装夹　　　　　　　图1-6-3　电极的校正

（2）校正电极。

如图1-6-3所示，校表装于工作台上，左右、前后移动电极，利用平动头上的校正螺母分别校正电极的底面和侧面。

3.正弦工作台的安装与校正

把组合好的25.882 mm的量块垫在正弦工作台的圆柱下方、装夹正弦磁力工作台、衡量确认机床主轴到工作台面的高度是否方便加工（如果工作台过高，需重新确定装夹位置，并确保工作台导电），校正正弦工作台，如图1-6-4所示。

图1-6-4　正弦工作台的安装与校正

4. 装夹、找正、定位工件

如图1-6-5所示，把工件正确放置于正弦工作台的工作面上，并用校表把工件找平。

图1-6-5　工件的装夹与校正

5. 电极的定位

具体步骤前面任务已有相应描述。

6. 编制、检查并校验程序

具体步骤前面任务已有相应描述。

7. 加工

启动机床并加工工件，喷嘴要调节到正对冲加工位置，以便及时冲走加工时产生的废屑。同时，要监控机床运行状况，若发现问题应及时停机。如图1-6-6所示。

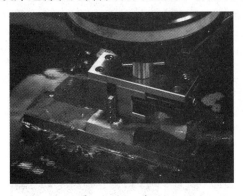

图1-6-6　加工

8. 测量

加工完毕后，卸下工件，擦拭干净并进行测量。

9. 清理

清理机床，打扫周围环境。

相关知识

一、正弦磁力工作台

正弦磁力工作台的原理是一种按照正弦公式调节角度的磁力吸盘。它主要由一钢制长方体和固定在其两端的两个相同直径的钢圆柱体组成。两圆柱的轴心线距离 L 一般为 100 mm 或 200 mm。如图1-6-7所示。

图1-6-7　正弦磁力工作台

正弦台一般用于工件小于45°的角度,在工件小于30°的角度时,精确度可达3′~5′。

调整角度范围:0°~45°,两心轴中心精度:0.005 mm。

简式细目正弦磁台是目前国内最新式的可倾吸盘,因其精密度高、吸力强、稳定性持久,适用于各种薄小工件单面角度的高精度加工。精度均在0.005 mm以内。

常用规格如100×175,150×150,150×300。正弦工作台上工件的找平如图1-6-8所示。

图1-6-8　正弦工作台上工件的找平

二、量块

1. 量块尺寸

量块又称块规或垫块,是应用较为方便的测量和基准工具。

量块是用耐磨性好、硬度高而不易变形的轴承钢制成矩形截面的长方块,如图1-6-9(a)所示。它有上、下两个测量面和四个非测量面。两个测量面是经过精密研磨和抛光加工的很平整、很光滑的平行平面。量块的矩形截面尺寸是:基本尺寸0.5~10 mm的量块,其截面尺寸为30 mm×9 mm;基本尺寸为10~1000 mm,其截面尺寸为35 mm×9 mm。

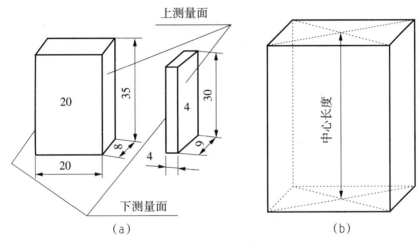

图1-6-9　量块

量块的工作尺寸不是指两测量面之间任何处的距离,因为两测量面不是绝对平行的,因此量块的工作尺寸是指中心长度,即量块的一个测量面的中心至另一个测量面相黏合面(其表面质量与量块一致)的垂直距离,如图1-6-9(b)所示。在每块量块上,都标记着它的工作尺寸:当量块尺寸等于或大于6 mm时,工作尺寸标记在非工作面上;当量块尺寸在6 mm以下时,工作尺寸直接标记在测量面上。

2. 成套量块和量块尺寸的组合

量块是成套供应的,并且是每套装成一盒。每盒中有各种不同尺寸的量块,其尺寸编组有一定的规定。常用成套量块的块数和每块量块的尺寸,见表1-6-1。

在总块数为83块和38块的两盒成套量块中,有时带有4块护块,所以每盒成为87块和42块了。护块即保护量块,主要是为了减少常用量块的磨损,在使用时可放在量块组的两端,以保护其他量块。

表1-6-1　成套量块的编组

套别	总块数	尺寸系列（mm）	间隔（mm）	块数
1	91	0.5,1	—	2
		1.001,1.002,…,1.009	0.001	9
		1.01,1.02,…,1.49	0.01	49
		1.5,1.6,…,1.9	0.1	5
		2.0,2.5,…,9.5	0.5	16
		10,20,…,100	10	10
2	83	0.5,1,1.005	—	3
		1.01,1.02,…,1.49	0.01	49
		1.5,1.6,…,1.9	0.1	5
		2.0,2.5,…,9.5	0.5	16
		10,20,…,100	10	10
3	46	1	—	1
		1.001,1.002,…,1.009	0.001	9
		1.01,1.02,…,1.09	0.01	9
		1.1,1.2,…,1.9	0.1	9
		2,3,…,9	1	8
		10,20,…,100	10	10
4	38	1,1.005	—	2
		1.01,1.02,…,1.09	0.01	9
		1.1,1.2,…,1.9	0.1	9
		2,3,…,9	1	8
		10,20,…,100	10	10
5	10-	0.991,0.992,…,1	0.001	10
6	10+	1,1.001,…,1.009	0.001	10
7	10-	1.991,1.992,…,2	0.001	10
8	10+	2,2.001,…,2.009	0.001	10
9	8	125,150,175,200,250,300,400,500	—	8
10	5	600,700,800,900,1000	100	5

　　每块量块只有一个工作尺寸。但由于量块的两个测量面做得十分准确且光滑，具有可黏合的特性。即将两块量块的测量面轻轻地推合后，这两块量块就能黏合在

一起,不会自己分开,好像一块量块一样。由于量块具有可黏合性,每块量块只有一个工作尺寸的缺点就克服了。利用量块的可黏合性,就可组成各种不同尺寸的量块组,大大扩大了量块的应用范围。但为了减少误差,希望组成量块组的块数不超过4~5块。

为了使量块组的块数为最小值,在组合时就要根据一定的原则来选取块规尺寸,即首先选择能去除最小位数的尺寸的量块。例如,若要组成87.545 mm的量块组,其量块尺寸的选择方法如下:

量块组的尺寸,87.545 mm;

选用的第一块量块尺寸,1.005 mm;

剩下的尺寸,86.54 mm;

选用的第二块量块尺寸,1.04 mm;

剩下的尺寸,85.5 mm;

选用的第三块量块尺寸,5.5 mm;

剩下的即为第四块量块尺寸,80 mm。

量块是很精密的量具,使用时必须注意以下几点:

(1)使用前,先在汽油中洗去防锈油,再用清洁的麂皮或软绸擦干净。不要用棉纱头去擦量块的工作面,以免损伤量块的测量面。

(2)清洗后的量块,不要直接用手去拿,应当用软绸衬起来拿。若必须用手拿量块时,应当把手洗干净,并且要拿量块的非工作面。

(3)把量块放在工作台上时,应使量块的非工作面与台面接触。不要把量块放在蓝图上,因为蓝图表面有残留化学物,会使量块生锈。

(4)不要使量块的工作面与非工作面进行推合,以免擦伤测量面。

(5)量块使用后,应及时在汽油中清洗干净,用软绸擦干后,涂上防锈油,放在专用的盒子里。若经常需要使用,可在洗净后不涂防锈油,放在干燥缸内保存。绝对不允许将量块长时间地黏合在一起,以免由于金属黏结而引起不必要损伤。

三、平动头

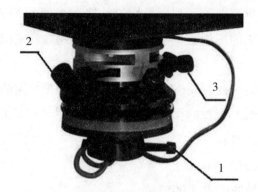

1－固定螺钉；2－水平调节螺钉；3－垂直调节螺钉

图1-6-10 平动头

1．简介

平动头是一个使装在其上的电极能产生向外机械补偿动作的工艺附件。在采用单电极加工型腔时，可以补偿上一个加工规准和下一个加工规准之间的放电间隙差。

电火花粗加工时的火花间隙比中加工的要大，而中加工的火花间隙比精加工的又要大一些。当用一个电极进行粗加工，将工件的大部分余量蚀除掉后，其底面和侧壁四周的表面粗糙度很差，为了将其修光，就得改变规准逐次进行修整。由于后档规准的放电间隙比前档小，对工件底面可通过主轴进给进行修光，而四周侧壁就无法修光了。平动头就是为解决修光侧壁和提高其尺寸精度而设计的。

2．动作原理

平动头的动作原理是：利用偏心机构将伺服电动机的旋转运动通过平动轨迹保持机构，转化成电极上每一个质点都能围绕其原始位置在水平面内做平面小圆周运动，许多小圆的外包络线就形成加工表面。其运动半径即平动量，通过调节可由零逐步扩大，以补偿粗、中、精加工的火花放电间隙之差，从而达到修光型腔的目的。其中每个质点运动轨迹的半径就称为平动量。

3．加工中的作用

机械式平动头能够补偿加工中电极的损耗，可使用单个电极完成粗加工到精加工转换的过程。

机械式平动头有扩孔作用，当工件要求偏小时，设定所需平动量加工，满足工件加工要求。

机械式平动头对工件光洁度有明显效果，特别是工件型腔侧边尤为明显。

机械式平动头可对螺纹孔放电加工。

数控平动头能够做多种循迹及侧向加工,包含圆形循迹、方形循迹、正方形侧向、圆周任意角度等分连续、任意角度对称、任意角度侧向。极大地提升了ZNC电火花(单轴计算机数字控制电火花)的作用。

精密数控平动头与火花机相连,可改变平动量和侧壁修整量的控制放电侧边间隙,并在平动结束时能够自动停止加工。

4. 使用方法

如图1-6-11所示,工具电极通过调节固定螺钉夹紧,然后在工作台上装上校表,观察表盘上指针的读数,判断电极水平表的左右、前后是否水平。如果不平,则调节水平调节螺钉,直到表针的读数在公差允许范围内。

同理,通过旋动垂直调节螺钉校正电极的垂直面的位置。

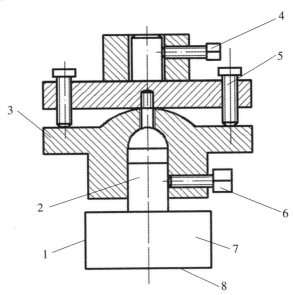

1-垂直基准面;2-电极柄;3-万向装置;4-水平调节螺钉;5-垂直调节螺钉;6-固定螺钉;7-工具电极;8-水平基准面

图1-6-11　平动头示意图

四、小结

(1)量块有上、下两个测量面和四个非测量面,两个测量面是经过精密研磨和抛光加工的很平、很广的平行面。

(2)要正确使用量块进行测量。

任务评价

斜面型腔零件的加工评价见表1-6-2。

表1-6-2　斜面型腔零件的加工评价表

评价内容	评价标准	分值	学生自评	教师评价
正弦台的安装	能正确安装	10分		
尺寸的计算	能计算尺寸	15分		
量块的使用	能正确组合	15分		
电极的找正	能找正电极	25分		
完整加工工件	能完成加工	25分		
情感评价	能做到虚心学习,不懂多问,帮助同学,爱护设备等	10分		

学习体会:

(1)工件斜面角度为20°,使用中心距为50的正弦磁力工作台、46块的量块套装,试计算需垫的量块高度,并选择最佳的量块组合。

(2)练习用校表校正电极。

凸模线切割加工

本项目通过对下图所示凸模零件的线切割加工,让读者熟悉电火花机床的操作方法及操作注意事项,能熟练掌握数控电火花线切割机床的上丝、穿丝等基本操作方法,并能够利用该类型机床加工出凸模类零件。

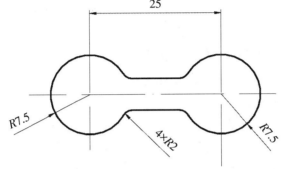

凸模零件图

目标类型	目标要求
知识目标	(1)熟悉机床操作面板及手控面板 (2)明确机床开关位置及作用 (3)理解数控电火花线切割加工原理 (4)知道数控电火花线切割机床的特点、应用、分类 (5)熟悉数控电火花线切割加工常用名词术语
技能目标	(1)会使用机床操作面板及手控面板操作机床 (2)能正确开、关数控电火花线切割机床 (3)能描述电火花线切割加工的原理 (4)能描述数控电火花线切割机床的特点、应用、分类
情感目标	(1)在学习电火花线切割机床的开、关机操作过程中,养成爱护设备的良好习惯 (2)在机床操作面板及手控面板上各功能键操作练习中,养成虚心学习和不懂多问的学习习惯 (3)尊重老师,团结互助

任务一　认识电火花线切割机床

任务目标

（1）知道正确的开、关机操作顺序。

（2）掌握加工前必须要进行的检查流程。

（3）掌握线切割加工必须遵守的操作规程。

（4）熟悉机床面板各按钮的含义及作用。

任务分析

为了保证设备安全，保证操作者的人身安全，操作者必须认真学习本任务，以便为后续任务的学习打下安全操作的基础。

在理解数控脉冲电源面板和数控盒操作面板的各个按钮的基础上，仔细上机操作这些按钮，验证并加深理解这些按钮的用法。

说明：本项目以沙迪克（Sodick）数控慢走丝线切割机床为例介绍相应知识，如图2-1-1所示。

图2-1-1　数控慢走丝线切割机床

任务实施

一、任务准备

(1)学习数控线切割机床安全操作规程。

进入实训室必须穿合身的工作服、戴工作帽,衬衫要系入裤内,敞开式衣袖要扎紧,女同学必须把长发纳入帽内。禁止穿高跟鞋、拖鞋、凉鞋、裙子、短裤,不能戴围巾。

(2)开机前应按设备润滑要求,对机床有关部位注油润滑,了解和掌握线切割机床的机械、电气等性能。

(3)未经指导教师的允许,严禁乱动设备及一切物品。

(4)检查各按键、仪表、手柄及运动部件是否灵活,工作是否正常。

(5)恰当选取加工参数,按规定顺序进行操作,防止造成断丝等故障。

(6)加工前应检查工件的位置是否安装正确,防止碰撞丝架和因超程撞坏丝杠、螺母等传动部件。

(7)加工过程中认真观察各电加工参数值,防止断丝、短路及冷却液不足等状况,确保机床、刀具的正常运行。

(8)加工过程中,操作者不得擅自离开机床,应保持思想高度集中地观察机床的运行状态。若发生不正常现象或事故,应立即终止程序运行,切断电源并及时报告指导教师,不得进行其他操作。

(9)装卸工件时,工作台上必须垫上木板或橡胶板,以防工件掉下砸伤工作台。

(10)机床不准超负荷运转,X、Y轴不准超出限制尺寸。

(11)计算机为机床附件,禁止挪作他用。

(12)更换切削液或清扫机床时,必须切断电源。

(13)为了防止在切割过程中工件爆裂伤人,加工之前应安装好防护罩。

(14)机床附近不得放置易燃易爆物品,防止因工作液一时供应不足产生的放电火花引起事故。

(15)在检修机床、电器、加工电源和控制系统时,应切断电源,防止触电和损坏电路元件。

(16)开启电源后,不可用手或手持的导电工具同时接触加工电源的两输出端(钼丝与工件),以防触电。

（17）禁止用湿手按开关或接触电器部分，防止工作液等导电物进入电器部分。一旦发生因电器短路造成的火灾时，应首先切断电源，立即用四氯化碳、干冰等合适的灭火器灭火，严禁用水灭火。

（18）操作人员不得随意更改机床内部参数。实习学生不得调用、修改其他非自己所编的程序。机床控制微机上，除进行程序操作和传输外，不允许做其他操作。

（19）保持机床清洁，经常用煤油清洗导轮及导电块。当机床长期不使用时，在擦净机床后，要润滑机床传动部分，并在加工区域涂抹防护油脂。

（20）数控线切割机床属于高精度设备，除工作台上安放工装和工件外，机床上严禁堆放任何其他杂物。

（21）工作完后，应切断电源，清扫切屑，擦净机床，在导轨面上加注润滑油，各部件应调整到正常位置，打扫现场卫生，填写设备使用记录。

（22）每次穿丝或调整丝筒前，必须断开高频电源，在加工中严禁换挡及调整电极丝运行速度。

（23）在机床实际操作时，只允许一名学员单独操作，其余未操作的学员应离开工作区，等候轮流上机床实际操作。实际操作时，同组学员要注意工作场所的环境，互相关照、互相提醒，防止发生人员或设备的安全事故。

（24）停机时应先切断高频脉冲电源，再停工作液。

（25）工件加工前，要在计算机上先绘好图并模拟加工，检查正确后才开始正式加工工件。

（26）电极丝接触工件时，应开冷却液，不许在无冷却液情况下加工。

（27）发生故障时，应立即关闭高频电源。

（28）应定期检查机床的各类开关和接地装置是否安全可靠，各部位是否漏电，不允许机床带故障工作。

（29）当日训练完毕，要认真清理实训场地，关闭电源，经指导教师同意后方可离开。

二、操作步骤

1. 开启电源

（1）打开车间主电源。

（2）打开机床主电源。

（3）按操作面板上方的"SOURCE ON"按钮，如图2-1-2所示；启动完成后，画面上将显示初始的极限移动画面。

（4）按操作面板上方的"POWER ON"按钮。

图2-1-2　电源按钮

2. 线切割机床操作界面认识

机床操作面板各按键的功能如下。

①"SOURCE ON/OFF"开关键：

"SOURCE ON"用于打开除数控设备机床部分外的全部电源。

"SOURCE OFF"用于关闭"SOURCE ON"打开的除监视器外的全部电源。

②"POWER ON/OFF"开关键：用于打开、关闭机床部分的电源。

"POWER ON"开关，在"SOURCE ON"开关打开并且系统启动时才有效。

小提示

为了保护机床，切换"SOURCE ON/OFF"开关键和"POWER ON/OFF"开关键时，请间隔2分钟以上进行。

③"AWT CUT/THREAD"开关键：用于电极丝的自动切丝和自动穿丝。

"Ⅰ CUT"开关：自动切丝。

"Ⅱ THREAD"开关：自动穿丝。

④"TENSION ON/OFF"开关键：用于打开、关闭电极丝的张力。

⑤"WIRE STOP/RUN"开关键:用于停止、运行电极丝。

"STOP":停止电极丝的运行。"RUN":进行电极丝的运行。

⑥"HIGH PRESSURE ON/OFF"开关键:用于切割工件时高压喷流与低压喷流的切换。

⑦"LOW PRESSURE ON/OFF"开关键:用于打开、关闭喷流。

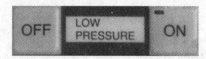

⑧"TANK FILL ON/OFF"开关键:用于打开、关闭向加工槽送液。

⑨"TANK DRAIN OPEN/CLOSE"开关键:用于打开、关闭加工槽的排液口。

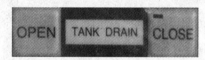

⑩"TANK DOOR ▽/△"开关键:用于控制加工槽门的上升和下降。

⑪"A·0～A·7"开关键:实行登录在NC装置上的程序文件。

文件名如A0—_ZZ21、A1—_ZZ22、A2—_ZZ23、A3—_ZZ24、A4—_ZZ25、A5—_ZZ26、A6—_ZZ27、A7—_ZZ28都属于用户自定义。

所有文件均可编辑,出厂时,_ZZ21—ZZ28文件是根据上述内容进行编程的,可根据需要进行变更,实行中对应开关灯点亮。

⑫"MFR0～MFR3"开关键:选择机床移动的速度。

MFR0:高速移动。MFR1:中速移动。MFR2:低速移动。MFR3:点动。指示灯亮的开关为当前选的开关,可通过"设定模块"设置各开关的移动速度。

⑬"OFF"开关键:终止主机动作的开关。

⑭"ACK"开关键:误操作时或无法按指示继续操作时解除开关。

⑮"HALT"开关键:暂停主机动作的开关。再实行时按ENT开关。

⑯"ENT"开关键:实行赋予系统指令的开关(执行所有指令的开始键)。

⑰"ST"开关键:忽略接触感知的开关。

保持"开关"按下的状态,再按"微动"开关,发生接触感知。通常,用NC编码轴移动时,若工件与电极接触,则轴动作无条件停止。这称为接触感知。

⑱"UVW"开关键:选择"微动"开关的有效或无效(本机床的W暂不使用)。

小提示

"微动"开关仅在开关亮灯状态时有效。

⑲"微动"开关:按下这些开关后,相应指定的轴向指定的方向移动。

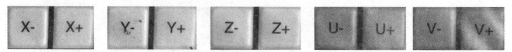

3. 键盘输入及鼠标操作

(1)键盘。

本机床键盘如图2-1-3所示。键盘上各键功能如下:

图2-1-3　线切割机床键盘

Esc键:取消操作时使用。

Caps Lock键:未使用。

Page Up键:按一下此键,将显示上一页内容。

Page Down键:按一下此键,将显示下一页内容。

Del键:按一下此键,将删除当前光标位置的字符。

BS键:按一下此键,将删除当前光标位置左面一个字符。

回车键:确定输入光标处的数值时使用。还有在编辑模块及MDI模块下生成程序时使用。若按下此键,则程序换行。

Home键:编辑程序时,若按下此键,光标移动到文件的首部。

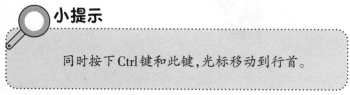

小提示

同时按下Ctrl键和此键,光标移动到行首。

End键:编辑程序时,若按下此键,光标移动到文件的尾部。

图2-1-4　手控盒操作面

小提示

同时按下Ctrl键和此键,光标移动到行的尾部。

Ins键:按此键,在"插入"与"覆盖"模式间切换。

(2)鼠标。

光标的移动有以下2种方法:

①用手指点触触摸屏来移动。

②使用键盘的光标移动键来移动光标。

4.手控盒的操作面板

(1)手控盒的操作。

手控盒外形如图2-1-4所示,使用手控盒,应注意以下几点:

①操作时要十分小心,避免将手控盒掉到地上或异物砸到本装置上,由此引起本装置的损坏。

②手控盒的接头已将电缆可靠地固定住,尽管如此,在使用中也应避免电缆受力,以延长电缆的使用寿命。

通过手控盒上边的各个键,就能够进行各轴的移动、定位和坐标设置的控制等。

(2)手控盒各键功能。

"A0~A3"开关键:实行登录在NC装置上的程序文件。

"MFR0~MFR3"开关键:选择机床移动的速度。

MFR0:高速移动。MFR1:中速移动。MFR2:低速移动。MFR3:点动。指示灯亮的开关为当前选的开关,可通过"设定模块"设置各开关的移动速度。

"OFF"开关键:终止主机动作的开关。

"ACK"开关键:误操作时或无法按指示继续操作时解除开关。

"HALT"开关键:暂停主机动作的开关。再运行时按"ENT"开关。

"ENT"开关键:实行赋予系统指令的开关(执行所有指令的开始键)。

"ST"开关键:忽略接触感知的开关。保持开关按下的状态,再按微动开关,发生接触感知。通常,用NC编码轴移动时,若工件与电极接触,则轴动作无条件停止。这称为接触感知。

"UV"开关键:选择"微动"开关的有效或无效。

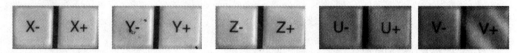

微动开关:按下这些开关后,向相应指定的轴向指定的方向移动。

(3)机床检查。

①检查各轴动作部分不相互干涉。

②电极丝残量充足。

③加工液量充足。

④过滤器压力适当。

⑤电极丝张力要适当。

⑥工作台里无废弃物。

⑦开机后"UV"要回到零。

(4)关机。

本机床关机步骤如下:

①将工作台移到各轴中间位置。

②按下红色急停按钮。

③扳下电源主开关,关闭电源。

④断开外接线路。

相关知识

一、数控电火花线切割加工的基本原理和必备条件

　　数控电火花线切割加工是通过脉冲电源在电极丝和工件两级之间施加脉冲电压,通过伺服机构保持一定的间隙,使电极丝与工件在绝缘工作液介质中发生脉冲放电。脉冲放电使工件表面被蚀出无数小坑,在数控系统的控制下,伺服机构使电极丝和工件发生相对位移,并保持脉冲放电,从而对工件进行尺寸加工,如图 2-1-5 所示。

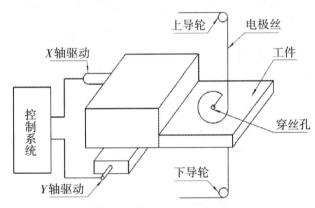

图 2-1-5　电火花线切割加工

电火花线切割加工的正常运行,必须具备以下基本条件:

　　(1)电极丝与工件之间必须保持一定的放电间隙。在该间隙范围内,既可以满足脉冲电压不断击穿介质,产生火花放电,又可以满足在火花通道熄灭后介质消除电离以及排出电蚀产物的要求。如果间隙过大,极间电压不能击穿极间介质,则不能产生火花放电;如果间隙过小,则容易形成短路连接,也不能产生火花放电。

　　(2)必须在有一定绝缘性能的液体介质中进行,如皂化油和去离子水等。要求较高绝缘性是为了利于产生脉冲性的火花放电;另外,液体介质还有排除间隙内电蚀产物和冷却电极的作用。

　　(3)放电必须是短时间的脉冲放电。由于放电时间短,放电时产生的热能来不及在被加工材料内部扩散,从而把能量作用局限在很小范围内,保持火花放电的"冷极"特性。

二、数控电火花线切割加工的特点

1. 数控电火花线切割加工具有的优势

(1)数控电火花线切割能加工传统方法难于加工或无法加工的高硬度、高强度、高脆性等导电材料及半导体材料。

(2)由于电极丝细小,可以加工细微异形孔、窄缝和复杂形状零件。

(3)工件被加工表面受热影响小,适合于加工热敏感性材料;同时,由于脉冲能量集中在很小的范围内,加工精度较高。

(4)加工过程中,电极丝与工件不直接接触,无宏观切削力,有利于加工低刚度工件。

(5)由于加工产生的切缝窄,实际金属蚀除量很少,材料利用率高。

(6)与电火花成型相比,以电极丝代替成型电极,省去了成型工具电极的设计和制造费用,缩短了生产准备时间。

(7)一般采用水基工作液,安全可靠。

(8)直接利用电能进行加工,电参数容易调节,便于实现加工过程自动控制。

2. 数控电火花线切割加工的缺点

由于是用电极丝进行贯通加工,所以它不能加工盲孔类零件和阶梯表面,另外生产效率相对较低。

3. 数控电火花线切割加工和电火花成型加工的主要区别

电火花线切割加工的工具电极是轴线移动的电极丝;电火花成型加工的工具电极是成型电极,与要求加工出的零件有相适应的截面或形状,如图2-1-6所示。

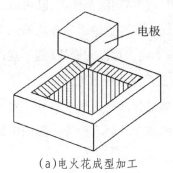
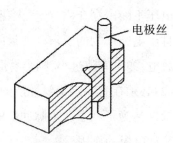

(a)电火花成型加工   (b)电火花线切割加工

图2-1-6　电火花成型加工与电火花线切割加工比较图

三、数控电火花线切割加工常用名词术语

为了便于交流,必须有一套统一的名词术语、定义和符号。以下是对电火花线切割加工常用的专业名词术语进行介绍。

(1)放电加工。在一定的加工介质中,通过两极(工具与工件)之间的火花放电或短电弧放电的电蚀作用来对材料进行加工的方法叫放电加工(简称"EDM")。

(2)电火花加工。用脉冲电火花放电形式进行加工的叫电火花加工。

(3)电火花成型加工。采用成型电极,通过电极对工件进行作用,把电极形状尺寸复制在工件上的加工方法叫电火花成型加工。

(4)放电。绝缘介质(气体、液体和固体)被击穿而形成高密度电流的现象。

(5)火花放电。火花放电通道中的电流密度很高,瞬时温度很高($8000 \sim 12000 ℃$)。随着放电时间的延续,极间电压将维持在一定数值,而不随电流及间隙大小变化,呈短电弧特征,习惯称为火花放电。

(6)电弧放电。渐趋稳定的放电。在时间上是连续的,在空间上是完全集中在一点或一点附近的放电。放电加工时遇到电弧放电常常引起电极和工件的烧伤,往往是放电间隙中排屑不良或脉冲间隙小来不及消电离和恢复绝缘,或脉冲电源损坏变成直流放电等引起的。

(7)脉冲放电。脉冲式的瞬时放电,在时间上是连续的,在空间上是分散的,是电火花加工采用的放电形式。

(8)放电通道。电离通道或等离子通道,是介质击穿后极间形成导电的等离子通道。

(9)放电间隙$\delta(mm)$。放电时电极间的距离,是放电加工回路的一部分,有一个随击穿而变化的电阻。

(10)电蚀。电火花放电作用下蚀除电极材料的现象。

(11)电蚀产物。工作液中电火花放电时的生成物,主要是两电极上电蚀下来的金属材料微粒和工作液分解出来的游离碳和气体等。

(12)加工屑。从两电极上电蚀下来的金属材料微粒。

(13)金属转移。放电过程中,一极的金属转移到另一极的现象。用钼丝切割金属铜或紫铜时,钼丝表面的颜色会逐渐变成黄铜色或紫铜色,证明有部分铜转移到钼丝表面。

(14)二次放电。在已加工面上,由于加工屑等介入进行再一次放电的现象。

(15)放电电压$u_e(V)$。间隙击穿后,流过放电电流时,间隙两端的瞬时电压。

(16)加工电压$U(V)$。正常加工时,间隙两端电压的平均值。一般指电压表指示的值。

（17）开路电压 $\overset{\cdot}{u}_i$（V）。间隙开路或间隙击穿之前（t_d时间内）的极间峰值电压。

（18）短路峰值电流 $\overset{\cdot}{i}_s$（A）。短路时最大的瞬时电流，即功放管导通而负载短路时的电流。

（19）短路电流 I_s（A）。平均短路脉冲电流，连续发生短路时电流读数。

（20）加工电流 I（A）。通过加工间隙电流的算术平均值，一般指电流表的读数。

（21）击穿电压。放电开始或介质击穿时瞬间的极间电压。

（22）击穿延时 t_d（μs）。从间隙两端加上电压脉冲到介质击穿之前的一段时间。

（23）脉冲宽度 t_i（μs）。加到间隙两端的电压脉冲的持续时间。对于矩形波脉冲，它等于放电时间 t_e 与击穿延时 t_d 之和，即 $t_i=t_e+t_d$，如图2-1-7所示。

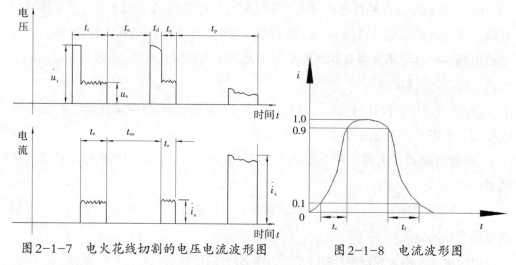

图2-1-7　电火花线切割的电压电流波形图　　　图2-1-8　电流波形图

（24）放电时间 t_e（μs）。介质击穿后，间隙中通过放电电流的时间，即电流脉宽。

（25）脉冲间隔 t_o（μs）。连续两个电压脉冲之间的时间。

（26）停歇时间 t_{eo}（μs）。又称放电间歇。相邻两次放电（电流脉冲）之间的时间间隔。对于方波脉冲，它等于脉冲间隔 t_o 与击穿延时 t_d 之和，即 $t_{eo}=t_o+t_d$。

（27）脉冲周期 t_p（μs）。从一个电压脉冲开始到相邻电压脉冲开始之间的时间。它等于脉冲宽度 t_i 与脉冲间隔 t_o 之和，$t_p=t_i+t_o$。

（28）脉冲频率 f_p（Hz）。指单位时间（s）内，电源发出电压脉冲的个数。它等于脉冲周期 t_p 的倒数，即 $f_p=1/t_p$。

（29）电参数。电加工过程中的电压、电流、脉冲宽度、脉冲间隔、功率和能量等参数。

（30）电规准。电火花加工中，脉冲电源的脉冲宽度、峰值电流和脉冲间隙等一组合电参数。一般电规准可分为粗、中、精3种，类似于切削加工中的粗加工、半精加工和精加工。

（31）脉冲前沿 $t_r(\mu s)$。脉冲上升时间，指电流脉冲前沿的上升时间，从峰值电流的10%上升到90%需要的时间，如图2-1-8所示。

（32）脉冲后沿 $t_f(\mu s)$。脉冲下降时间，指电流脉冲后沿的下降时间，从峰值电流的90%下降到10%需要的时间。

（33）开路脉冲。间隙未被击穿时的电压脉冲，这时没有电流脉冲。

（34）工作脉冲。又称正常放电脉冲或有效脉冲，正常放电时极间既有电压，又有放电电流通过。

（35）短路脉冲。工具电极与工件之间发生短路时所通过的脉冲，这时没有脉冲电压或其值很低。

（36）极性效应。电火花（线切割）加工时，即使正极与负极是同一种材料，正负两极的蚀除量是不同的，这种现象叫极性效应。一般短脉冲加工时，正极的蚀除量较大；反之，长脉冲加工时，负极的蚀除量较大。因此，短脉冲精加工时，工件接正极，长脉冲粗加工时，工件接负极。

（37）正极性和负极性。工件接正极，工具电极接负极，称为正极性。工件接负极，工具电极接正极，称为负极性。线切割加工时，脉宽较窄，为了增加切割速度和减少钼丝的损耗，一般工件接正极，称为正极性加工。

（38）切割速度 $v_{wi}(mm^2/min)$。在保持一定的表面粗糙度的切割过程中，单位时间内电极丝中心线在工件上扫过的面积的总和。

（39）高速走丝线切割。电极丝沿其轴线方向做高速往复移动的电火花线切割加工。一般走丝速度为2~15 m/s。

（40）低速走丝线切割。电极丝沿其轴线方向做低速单向移动的电火花线切割加工。一般走丝速度为0.2 m/s以下。

（41）线径补偿。又称"间隙补偿"或"钼丝偏移"。为获得所需要的加工轮廓尺寸，数控系统通过对电极丝运动轨迹轮廓进行扩大或缩小来做偏移补偿。

（42）线径补偿量（mm）。电极丝几何中心实际运动轨迹与编程轮廓之间的法向尺寸差值，又叫间隙补偿量或偏移量。

(43)进给速度v_f(mm/min)。加工过程中,电极丝中心沿切割方向相对于工件的移动速度。

(44)多次切割。同一表面先后进行两次或两次以上的切割,改善表面质量及加工精度的切割方法。

(45)锥度切割。钼丝以一定的倾斜角进行的切割方法。

(46)乳化液。由水、有机或无机油脂在乳化剂作用下混合形成的乳化液,用于电火花线切割加工。

(47)条纹。工件表面出现的相互间隔、凹凸不平或色彩不同的痕迹。当导轮、轴承精度不高时条纹更加严重。

(48)电火花加工表面。电火花加工过的由许多凹坑重叠形成的表面。

(49)电火花加工表面层。电火花加工表面下的两层,它包括熔化层和热影响层,如图2-1-9所示。

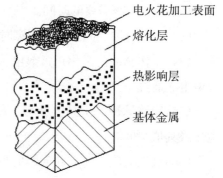

图2-1-9　电火花加工表面与表面层

(50)型腔电火花加工。一般指三维型腔和型面电火花加工,它可以是圆孔,也可以是方孔或复杂的型腔。

任务评价

认识电火花线切割机床的评价见表2-1-1。

表2-1-1　电火花线切割机床认识评价表

评价内容	评价标准	分值	学生自评	教师评价
机床开关名称	能正确说出	5分		
机床面板按钮名称	能正确说出	20分		
手控盒按钮名称	能正确说出	10分		
开、关机床	能正确开机、关机	10分		
操作机床面板按钮	能正确操作	25分		
操作手控盒面板按钮	能正确操作	20分		
情感评价	能做到虚心学习,不懂主动问老师,帮助同学,爱护设备等	10分		

续表

评价内容	评价标准	分值	学生自评	教师评价
学习体会:				

(1)结合身边的线切割机床,说说线切割机床有哪些常用功能。

(2)试一试线切割机床操作面板各按键的功能。

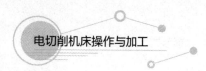

任务二　穿丝与校丝

任务目标

(1)学会电火花线切割机床的上丝和穿丝操作。

(2)熟悉电火花线切割电极丝垂直度调整操作。

任务分析

(1)穿丝操作。

穿丝就是把电极丝依次穿过丝架上的各个导轮、导管、钻石眼模和工件穿丝孔，做好走丝准备。

(2)校丝操作。

校丝就是调整电极丝对工作台平面的垂直度。校丝前要进行校正块的安装与校垂直。

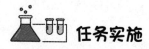

任务实施

一、任务准备

(1)视实际情况选择合适夹具。

(2)移开机头至远离工件的安全位置。

(3)视实际情况选择找正块或校正器。

二、操作步骤

1. 穿丝操作步骤

(1)利用手工操作器(图2-2-1)，操作按键"Z-"键，将上机头移到工件孔的附近。

图2-2-1　手工操作器　　　　图2-2-2　机床控制面板

（2）按机床控制面板（图2-2-2）中"RUN"按钮（走丝器按钮）。

（3）右手按住机床控制面板中的"FREE"按钮不放，左手将机床导丝管轻轻拉下来到最低位置（图2-2-3）。拉上工作台的防水门。

图2-2-3　机床导丝管最低位置　　　　图2-2-4　水珠流速调速阀

（4）按机床控制面板左边的"ON"按钮，"穿线喷水"按钮打开。

（5）利用水珠找孔中心（用手工操作器微调操作直到水珠通过孔），水珠流速可用调速阀（图2-2-4）调节，穿电极铜丝时水珠流速要大一点，目的是使电极铜丝能快速穿进机床导丝孔中。

（6）找到位置（水珠通过孔）后，左手慢慢逆时针旋转张紧轮（图2-2-5大的黑色轮），直到把电极铜丝穿进工件中的孔为止（如果没有穿进，可以用手轻轻拉动电极铜丝调整一下，直到电极铜丝穿进工件中的孔为止），然后按机床控制面板中的"Ⅱ THREAD"键（作用是自动穿丝）。

图 2-2-5　张紧轮

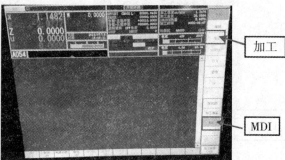

图 2-2-6　电脑显示屏幕

（7）观察电极铜丝是否在孔中心，如果不在孔中心，则用手工操作器微调操作，直到电极铜丝在孔的中心为止。

2. 穿丝操作三个注意要点

（1）拉动电极丝头，按照操作说明书依次绕接各轮至下机头。在操作中要注意手的力度，防止电极丝弯折。

（2）穿丝开始时，首先要打开"OPEN"开关，按住"FREE"开关，将导丝管拉下到指定位置。如图 2-2-7 所示。

（3）穿入下机头后，按"Ⅱ THREAD"键（自动穿丝），丝穿好后，导向装置会自动回位，穿丝结束。

3. 校正块的安装

图 2-2-7　穿丝辅助面板

如图 2-2-8 所示，校正块直接放置于工作台上，当校正电极丝 X 向垂直度时，按 A 处所示放置；校正电极丝 Y 向垂直度时，按 B 处所示放置。放置后，千分表上下打表，保证校正块的垂直度。

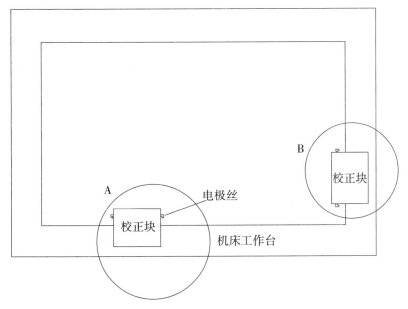

图 2-2-8　校正块的安装

4. 校丝步骤

(1)在机床上已完成穿丝操作。

(2)清洁夹具安装面和校正块,把校正块放在工作台面上,打表确定其上面垂直。

(3)Z 轴行程的调整位置:使上、下导轮与校正块的距离大约相等。

(4)手动 X(Y) 轴使电极丝靠近校正块 1~5 mm 的位置。

(5)在屏幕上面点"手动"—"无代码"—"设定",然后定一个方向,X−,X+,Y−,Y+,然后按开始键。观察校正块上下产生的火花,调节 U、V 使其上下均匀。

(6)如火花上下均匀,则电极丝垂直度已校正好,此时 U、V 清零。

 相关知识

一、电极丝垂直度找正的常见方法

在进行精密零件加工或切割锥度等情况下需要重新校正电极丝对工作台平面的垂直度。电极丝垂直度找正的常见方法有两种,一种是利用找正块,另一种是利用校正器。

1. 利用找正块进行火花法找正

找正块是一个长方体,如图 2-2-9(a)所示。在校正电极丝垂直度时,首先目测电

极丝的垂直度,若明显不垂直,则调节U、V轴,使电极丝大致垂直工作台;然后将找正块放在工作台上,在弱加工条件下,将电极丝沿X方向缓缓移向找正块。当电极丝块碰到找正块时,电极丝与找正块之间产生火花放电,肉眼观察产生的火花。若火花上下均匀,如图2-2-9(b)所示,则表明该方向上电极丝垂直度良好;若下面火花多,如图2-2-9(c)所示,则说明电极丝右倾,故将U轴的值调小,直至火花上下均匀;若上面火花多,如图2-2-9(d)所示,则说明电极丝左倾,故将U轴的值调大,直至火花上下均匀。同理,调节V轴的值,使电极丝在V轴垂直度良好。

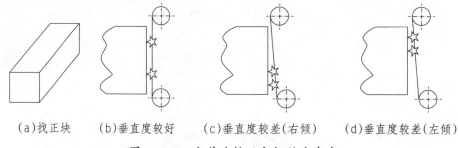

(a)找正块　　(b)垂直度较好　　(c)垂直度较差(右倾)　　(d)垂直度较差(左倾)

图2-2-9　火花法校正电极丝垂直度

在用火花法校正电极丝的垂直度时,需要注意几点:

(1)找正块使用一次后,其表面会留下细小的放电痕迹。下次找正时,要重新换位置,不可用有放电痕迹的位置碰火花校正电极丝的垂直度。

(2)在精密零件加工前,分别校正U、V轴的垂直度后,需要再检验电极丝垂直度校正的效果。具体方法是:重新分别从U、V轴方向碰火花,看火花是否均匀。若U、V方向上火花均匀,则说明电极丝垂直度较好;若U、V方向上火花不均匀,则重新校正,再检验。

(3)在校正电极丝垂直度之前,电极丝应张紧,张力与加工中使用的张力相同。

(4)在用火花法校正电极丝垂直度时,电极丝要运行,以免电极丝断丝。

2.用校正器进行校正

校正器是一个触点与指示灯构成的光电校正装置,如图2-2-10所示,电极丝与触点接触时指示灯亮。它的灵敏度较高,使用方便且直观。底座用耐磨不变形的大理石或花岗岩制成。使用校正器进行校正电极丝垂直度的方法与火花法大致相似,主要区别是:火花法是观察火花上下是否均匀,而用校正器则是观察指示灯。若在校正过程中,指示灯同时亮,则说明电极丝垂直度良好,否则需要校正。

在使用校正器校正电极丝的垂直度中,要注意几点:

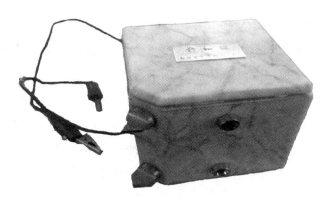

图2-2-10　DF55-J50A型二点接触式垂直校正器

（1）电极丝停止运行，不能放电。

（2）电极丝应张紧，电极丝的表面应干净。

（3）若加工零件精度高，则电极丝垂直度在校正后需要检查，其方法与火花法类似。

二、线切割加工中的电参数和非电参数

1. 电参数

（1）放电峰值电流。

放电峰值电流增大，单个脉冲能量增多，工件放电痕迹增大，故切割速度（单位时间内电极丝中心线在工件上切过的面积的总和，单位为 mm^2/min）迅速提高，表面粗糙度数值增大，电极丝损耗增大，加工精度有所下降。因此，第一次切割加工及加工较厚工件时取较大的放电峰值电流。

放电峰值电流不能无限制增大，当其达到一定临界值后，若再继续增大峰值电流，则加工的稳定性变差，加工速度明显下降，甚至断丝。

（2）脉冲宽度。

在其他条件不变的情况下，增大脉冲宽度，线切割加工的速度提高，表面粗糙度变差。这是因为当脉冲宽度增加，单个脉冲放电能量增大，放电痕迹会变大。同时，随着脉冲宽度的增加，电极丝损耗也变大。因为脉冲宽度增加，正离子对电极丝的轰击加强，结果使得接负极的电极丝损耗变大。

当脉冲宽度增大到一定临界值后，线切割加工速度将随脉冲宽度的增大而明显减小。因为当脉冲宽度达到一定临界值后，加工稳定性变差，从而影响了加工速度。

（3）脉冲间隔。

在其他条件不变的情况下，减小脉冲间隔，脉冲频率将提高，所以单位时间内放电次数增多，平均电流增大，从而提高了切割速度。

脉冲间隔在电火花加工中的主要作用是消电离和恢复液体介质绝缘。脉冲间隔不能过小，否则会影响电蚀产物的排出和火花通道的消电离，导致加工稳定性变差、加工速度降低，甚至断丝。当然，也不是说脉冲间隔越大，加工就越稳定。脉冲间隔过大会使加工速度明显降低，严重时不能连续进给，加工变得不稳定。

（4）极性。

线切割加工因脉宽较窄，所以都用正极性加工（工件为正极），否则会使切割速度变低且电极丝损耗增大。

综上所述，电参数对线切割电火花加工的工艺指标的影响有如下规律：

①加工速度随着加工峰值电流、脉冲宽度的增大及脉冲间隔的减小而提高，即加工速度随着加工平均电流的增加而提高。有试验证明，增大峰值电流对切割速度的影响比用增大脉冲宽度的办法显著。

②加工表面粗糙度数值随着加工峰值电流、脉冲宽度的增大及脉冲间隔的减小而增大，只不过脉冲间隔对表面粗糙度影响较小。

③脉冲间隔的合理选取主要与工件厚度有关。工件较厚时，因排屑条件不好，可以适当增大脉冲间隔。

实践表明，在加工中改变电参数对工艺指标影响很大，必须根据具体的加工对象和要求，综合考虑各因素及其相互影响关系，选取合适的电参数，既优先满足主要加工要求，又同时注意提高各项加工指标。例如，加工精密零件时，精度和表面粗糙度是主要指标，加工速度是次要指标，这时选择电参数主要满足尺寸精度高和表面粗糙度好的要求。又如加工低精度零件时，对尺寸的精度和表面粗糙度要求低一些，故可选较大的加工峰值电流和脉冲宽度，尽量获得较高的加工速度。此外，不管加工对象和要求如何，还须选择适当的脉冲间隔，以保证加工稳定进行，提高脉冲利用率。因此选择电参数值是相当重要的，只要能客观地运用它们的最佳组合，就一定能够获得良好的加工效果。

低速走丝线切割机床及部分高速走丝线切割机床的生产厂家在操作说明书中给出了较为科学的加工参数表。在操作这类机床时，一般只需按照说明书正确地选用参数表即可。而对绝大部分高速走丝机床而言，初学者可以根据操作说明书中的经验值大致选取,然后根据电参数对加工工艺指标的影响具体调整。

2. 非电参数

(1)电极丝。

①材料。

电火花线切割加工使用的电极丝材料有钼丝、钨丝、钨钼合金丝、黄铜丝和铜钨丝等。目前,高速走丝线切割加工中广泛使用直径0.18 mm左右的钼丝作为电极丝,低速走丝线切割加工中广泛使用直径0.1~0.3 mm的黄铜丝作为电极丝。

②直径。

电极丝的直径对加工速度的影响较大。若电极丝直径过小,则承受电流小,切缝也窄,不利于排屑和稳定加工,显然不可能获得理想的切割速度。因此,在一定的范围内,电极丝的直径加大对切割速度是有利的。但是,电极丝的直径超过一定程度,造成切缝过大,反而又影响了切割速度的提高。因此,电极丝的直径又不宜过大。同时,电极丝直径对切割速度的影响也受脉冲参数等综合因素的制约。

③走丝速度。

对于高速走丝线切割机床,在一定的范围内,随着走丝速度的提高,有利于脉冲结束时放电通道迅速消电离。同时,高速运动的电极丝能把工作液带入厚度较大工件的放电间隙中,有利于排屑和放电加工稳定进行。故在一定加工条件下,随着走丝速度的增大,加工速度提高。

④电极丝张力。

电极丝张力的大小对线切割加工精度和速度等工艺指标有重要的影响。若电极丝的张力过小,一方面电极丝抖动厉害,会频繁造成短路,以致加工不稳定,加工精度不高;另一方面,电极丝过松使电极丝在加工过程中受放电压力作用而产生的弯曲变形严重,结果电极丝切割轨迹落后并偏移工作轮廓,即出现加工滞后现象,从而造成形状和尺寸误差。如切割较厚的圆柱时会出现腰鼓形状,严重时电极丝在快速运转过程中会跳出导轮槽,从而造成断丝等故障。但如果过分将张力增大,切割速度不仅不继续上升,反而容易断丝。电极丝断丝的机械原因主要是电极丝本身受抗拉强度的限制。

在高速走丝线切割加工中,由于受电极丝直径和使用时间的长短等因素限制,一般电极丝在使用初期张力可大些,使用一段时间后,张力宜小一些。

在低速走丝加工中,设备操作说明书一般都有详细的张力设置说明,初学者可以按照说明书去设置,有经验者可以自行设定。对多次切割,可以在第一次切割时稍微减小张力,以避免断丝。

(2)工作液。

线切割机床的工作液有煤油、去离子水、乳化液和酒精溶液等。目前高速走丝线切割工作液广泛采用的是乳化液,其加工速度快。低速走丝线切割机床采用的工作液是去离子水。

低速走丝线切割机床的加工精度高、粗糙度低,对工作液的杂质和温度有较高的要求,因而相对高速走丝线切割机床的工作液简易过滤箱,低速走丝线切割机床有一套复杂的工作液循环过滤系统。

(3)工作材料及工件厚度。

①工作材料对工艺指标的影响。

工艺条件大体相同的情况下,工件材料的化学、物理性能不同,加工效果也会有较大差异。

在低速走丝方式和煤油介质情况下,加工铜件过程稳定,加工速度较快;加工硬质合金等高熔点、高硬度、高脆性材料时,加工稳定性及加工速度都比加工铜件低;加工钢件,特别是不锈钢、磁钢和未淬火硬度低的钢等材料时,加工稳定性差,加工速度低,表面粗糙度也差。

在高速走丝方式和乳化液介质的情况下,加工铜件、铝件时加工过程稳定,加工速度快;但电极丝易涂复一层铜、铝电蚀物微粒,加速导电块磨损。加工不锈钢、磁钢、未淬火硬度低的钢件时,加工稳定性差些,加工速度低,表面粗糙度也差;加工硬质合金钢或淬火硬度高的钢件时,加工还比较稳定,加工速度较高,表面粗糙度好。

金属材料的物理性能(如熔点、沸点、导热性能等)对线切割加工的过程有较大的影响。金属材料的熔点、沸点越高,越难加工;材料的导热系数越大,则加工效率越低。常用工件材料的有关元素及其熔点和沸点,见表2-2-1。

表2-2-1　常用工件材料的有关元素及其熔点和沸点

项目	碳(石墨) C	钨 W	碳化钛 TiC	碳化钨 WC	钼 Mo	铬 Cr	铁 Fe	铜 Cu	铝 Al
熔点/℃	3700	3410	3150	2720	2625	4890	1540	1083	660
沸点/℃	4830	5930	−	6000	4800	2500	2740	2600	2060

②工件厚度对工艺指标的影响。

工件厚度对工作液进入和流出加工区域,以及电蚀产物的排除和通道的消电离等都有较大的影响。同时,电火花通道压力对电极丝抖动的阻尼作用也与工件厚度有关。这样,工件厚度对电火花加工稳定性和加工速度必然产生相应的影响。工件材料薄,工作液容易进入和充满放电间隙,对排屑和消电离有利,加工稳定性好。但是工件若太薄,对固定丝架来说,电极丝从工件两端面到导轮的距离大,易发生抖动,对加工精度和表面粗糙度带来不良影响,且脉冲利用率低,切割速度下降;若工件材料太厚,工作液难以进入和充满放电间隙,这样对排屑和消电离不利,加工稳定性差。

工件材料的厚度大小对加工速度有较大影响。在一定的工艺条件下,加工速度随工件厚度的变化而变化,一般都有一个对应最大加工速度的工件厚度。如图2-2-11所示为低速走丝时,工件厚度对加工速度的影响。如图2-2-12所示为高速走丝时,工件厚度对加工速度的影响。

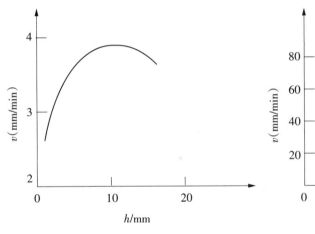

图2-2-11 低速走丝时,工件厚度
对加工速度的影响

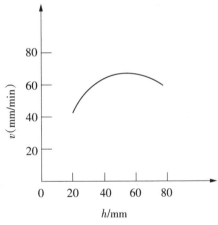

图2-2-12 高速走丝时,工件厚度
对加工速度的影响

 **任务评价**

穿丝与校丝任务评价见表2-2-2。

表2-2-2　穿丝与校丝评价表

评价内容	评价标准	分值	学生自评	教师评价
准备工作	正确选择夹具,机头移动到恰当位置,正确选择校准器	20分		
上丝操作	正确完成上丝操作	20分		
穿丝操作	正确操作机床面板,完成穿丝	25分		
校丝操作	按操作步骤正确完成校丝	25分		
情感评价	能做到虚心学习,不懂主动问老师,帮助同学,爱护设备等	10分		
学习体会:				

（1）仔细观察机床走丝机构,说说其工作过程及特点。

（2）通过穿丝操作实践,说说穿丝时需要注意哪些问题?

任务三　工件的安装与校正

 任务目标

掌握工件的安装、校正方法及操作技巧。

 **任务分析**

在了解机床操作面板的基础上,仔细阅读分析图纸,掌握工件的安装方法及校正技巧。根据本零件及毛坯尺寸确定采用压板式装夹方式。

任务实施

一、任务准备

(1)视实际情况选择合适夹具。

(2)移开机头至远离工件的安全位置。

(3)根据工件尺寸合理选择压板个数。

(4)工件清洁装夹前,用油石或砂纸轻轻打平所有需要接触的面,直到没有一点毛刺为止,再用碎布将其擦干净。

二、操作步骤

1. 如图2-3-1所示,先装夹工件

图2-3-1　工件装夹

2. 校正（以校正 X 轴方向为例，其他方向同理）

图 2-3-2 工件的校正

（1）首先将千分表固定于上机头，装表的时候注意看机头离极限的距离，表必须要比机头更接近极限，那样才不会造成表拉到一半，就撞了极限。

（2）将表头的旋转方向正对校表面，且与校表面呈30°左右；然后移动坐标轴，将表头针接近工件，快接近的时候速度可以放慢，太快的话就容易撞表，表针已经接触工件时，看表数，打到第一圈40°左右就可以了，太多容易顶死表，顶死表的话，表数就不会动，那样就算工件没拉好，校表指针显示也是直的。

（3）按操作面板上的 X 方向移动按钮。快靠近校表面时，将速度打到3挡，使表头轻轻靠近校表面并产生读数。

（4）按手控盒或操作面板上的 X 移动按钮沿 X 方向水平移动，并观察表盘数据变化。用小铜锤轻敲工件或夹具，反复移动将其校平。

（5）校平后拧紧压板或夹具螺栓，然后再校平，直到确保工件夹紧且校正即可。

3. 设定机头高度

设定机头高度，简单点就是定高度。定高度都定上机头，下机头是固定的，只要工件不低于台面，是撞不到的，所以最需要注意的就是上机头。定高度要定在工件最高的地方，不能低于最高的地方，以防万一，撞了机头会很麻烦，所以要避免。

（1）设定方法。

①先用坐标方向轴把机头移到工件最高地方的上方（一定要在高于工件的状况下移动），然后下降，开始可以快点，快接近工件的时候，放慢速度，把机头定在工件最高的地方再往上1~3 mm。

②一边缓慢向下移动上机头，一边用厚度合适的塞尺在工件和上机头之间移动，当塞尺移动有点受阻的感觉时，把 Z 轴设为0。

③若要重新设定，则按以上步骤重新设置。

（2）设置机头高度过程中的注意事项。

①在装的时候，一定要注意工件下面不能低于台面，如果低于台面，就会撞机头。

②工作台为"SUS"材料（不锈钢材料），硬度较低。为保护工作台面，压板后支点下须放置铜片。

③加工基准方向与图纸相对应。

④所需加工位置在机床行程范围之内。

⑤若工件中非加工位的镶件松动，将其取出以免加工过程中脱落。

⑥若工件装夹位置有成型面，须在压板下垫铜片，以免压坏工件表面。

相关知识

线切割加工属于较精密加工，工件的装夹对加工零件的定位精度有直接影响，特别在模具制造等加工中，需要认真仔细地装夹工件。

一、线切割加工的工件在装夹中的注意事项

（1）工件的定位面要有良好的精度，一般以磨削加工过的面定位为好，棱边倒钝，孔口倒角。

（2）切入点要导电，热处理件切入处要去除残物及氧化皮。

（3）热处理件要充分回火去应力，平磨件要充分退磁。

（4）工件装夹的位置应利于工件找正，并应与机床的行程相适应，夹紧螺钉高度要合适，避免干涉到加工过程，上导轮要压得较低。

（5）对工件的夹紧力要均匀，不得使工件变形和翘起。

（6）批量生产时，最好采用专用夹具，以利于提高生产率。

（7）加工精度要求较高时，工件装夹后，必须通过百分表来校正工件，使工件平行于机床坐标轴，垂直于工作台（图2-3-3）。

图2-3-3　线切割加工找正

二、线切割加工中工件装夹方法

在实际线切割加工中,常见的工件装夹方法有:

1. 悬臂式支撑

工件直接装夹在台面上或桥式夹具的一个刃口上,如图2-3-4所示的悬臂式支撑通用性强,装夹方便,但容易出现上仰或倾斜,一般只在工件精度要求不高的情况下使用。如果由于加工部位所限只能采用此装夹方法而加工又有垂直度要求时,要拉表找正工件上表面。

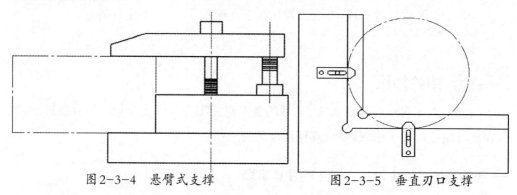

图2-3-4 悬臂式支撑   图2-3-5 垂直刃口支撑

2. 垂直刃口支撑

如图2-3-5所示,工件装夹在具有垂直刃口的夹具上,此种方法装夹后工件也能悬伸出一角便于加工。装夹精度和稳定性较悬伸式好,也便于拉表找正,装夹时注意夹紧点对准刃口。

3. 桥式支撑方式

如图2-3-6所示,此种装夹方式是快走丝线切割最常用的装夹方法,适用于装夹各类工件,特别是方形工件,装夹后稳定。只要工件上、下表面平行,装夹力均匀,工件表面即能保证与台面平行。桥的侧面也可作为定位面使用,拉表找正桥的侧面与工作台X方向平行,工件如果有较好的定位侧面,与桥的侧面靠紧即可保证工件与X方向平行。

4. 板式支撑方式

如图2-3-7所示,加工某些外周边已无装夹余量或装夹余量很小且中间有孔的零件,可在底面加一托板,用胶粘固或螺栓压紧,使工件与托板连成一体,且保证导电良好,加工时连托板一块切割。

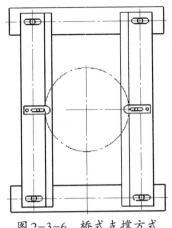

图 2-3-6　桥式支撑方式

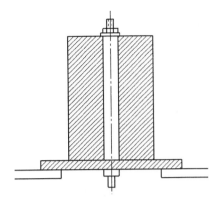

图 2-3-7　板式支撑方式

5.分度夹具装夹

(1)轴向安装的分度夹具。如小孔机上弹簧夹头的切割,要求沿轴向切两个垂直的窄槽,即可采用专用的轴向安装的分度夹具,如图2-3-8所示。分度夹具安装于工作台上,三爪内装一检棒,拉表跟工作台的 X 或 Y 方向平行,工件安装于三爪上,旋转找正外圆和端面。找中心后切完第一个槽,旋转分度夹具旋钮,转动90°,切另一槽。

(2)端面安装的分度夹具。如加工中心上链轮的切割,其外圆尺寸已超过工作台行程,不能一次装夹切割,即可采用分齿加工的方法。如图2-3-9所示工件安装在分度夹具的端面上,通过中心轴定位在夹具的锥孔中,一次加工2～3齿,通过连续分度完成一个零件的加工。

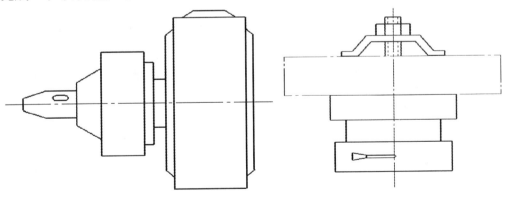

图 2-3-8　轴向安装的分度夹具　　　　图 2-3-9　端面安装的分度夹具

三、线切割机床操作技巧简介

低速走丝线切割机床的加工精度可达 2 μm,而高速走丝线切割机床的加工精度仍徘徊在 15 μm 左右,一个重要原因是低速走丝线切割机床采用了多次切割工艺,高速走丝线切割的多次切割工艺虽经过行业多年的努力,有一定的效果,但是仍未达到应用阶段。但是,高速走丝线切割工艺经过多年的实践,积累了许多经验,如果掌握了一定的操作技巧,仍然可以在原有工艺指标的基础上提高一个档次。下面对高速走丝线切割机床提高加工精度的操作技巧做简要介绍。

(1)切割路线。

如图 2-3-10 所示,图 2-3-10(c)的工艺路线最好,图 2-3-10(a)和图 2-3-10(b)不打穿丝孔,从外切入工件,切第一边时使工件的内应力失去平衡而产生变形,再加工第二边、第三边、第四边,误差增大。图 2-3-10(d)使工件的装夹部分与加工部分在切第一边时就被大部分割离,减小了工件后面加工时的刚度,误差较大。

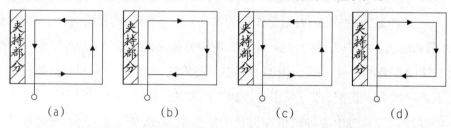

图 2-3-10 切割凸模时穿丝孔位置及切割方向比较图

(2)合理确定穿丝孔位置。

许多模具制造者在切割凸模类外形工件时,常常直接从材料的侧面切入,在切入处产生缺口,残余应力从切口处向外释放,易使凸模变形。为了避免变形,在淬火前先在模坯上打穿丝孔,孔径 3~10 mm,待淬火后从模坯内对凸模进行封闭切割,如图 2-3-11 所示。穿丝孔的位置宜选在加工图形的拐角附近,如图 2-3-11(a)所示,以简化编程运算,缩短切入的切割行程。切割凹模时,对于小型工件,如图 2-3-11(b)所示零件,穿丝孔宜选在工件待切割型孔的中心;对于大型工件,穿丝孔可选在靠近切割图形的边角处或已知坐标尺寸的交点上,以简化运算过程。

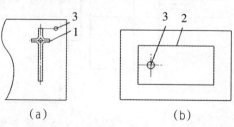

1—凸模;2—凹模;3—穿丝孔

图 2-3-11 线切割穿丝孔的位置

（3）断丝处理。

①断丝后丝筒上剩余丝的处理。

若断丝点接近两端,剩余的丝还可利用,先把丝较多的一边断头找出并固定,抽掉另一边的丝,然后手摇丝筒让断丝处位于立柱背面过丝槽中心,重新穿丝,定好限位,即可继续加工。

②断丝后原地穿丝。

原地穿丝时若是新丝,注意用中粗砂纸打磨其头部一段,使其变细变直,以便穿丝。

③回穿丝点。

若原地穿丝失败,只能回穿丝点,反方向切割对接。由于机床定位误差和工件变形等原因,对接处会有误差。若工件还有后续抛光、锉修工序,而又不希望在工件中间留下接刀痕,可沿原路切割。由于二次放电等因素,已切割表面会受影响,但尺寸不受太大影响。

（4）短路处理。

①排屑不良引起的短路。

短路回退太长会引起停机,若不排除短路则无法继续加工。可原地运丝,并向切缝处滴些煤油清洗切缝,即可排除一般短路。但应注意重新启动后,可能会出现不放电进给,这与煤油在工件切割部分形成绝缘膜,改变了间隙状态有关,此时应立即增大间隙电压值,等放电正常后再改回正常切割参数。

②工件应力变形夹丝。

热处理变形大或薄件叠加切割时会出现夹丝现象,对热处理变形大的工件,在加工后期快切断前变形会反映出来,此时应提前在切缝中穿入电极丝或与切缝厚度一致的塞尺以防夹丝。薄板叠加切割,应先用螺钉连接紧固,或装夹时多压几点,压紧压平,以防止加工中夹丝。

四、线切割加工工艺简介

与机械制造工艺比较,线切割加工有两个特点:一是刀具为线电极,刚度极差;二是加工原理是放电加工,切削力极小。结合这两个特点,对线切割加工工艺简介如下:

(1)线切割穿丝孔。

①穿丝孔的作用:对精度要求高的零件,从零件外部切入,会使工件的内应力失去平衡而产生变形,影响加工精度,因此,选择加工起点打穿丝孔穿丝加工。对于凹模和孔类零件,必须打穿丝孔才能保证型腔和孔腔的完整。

②穿丝孔的加工:对于可以用钻头加工的工件材料,直接钻削;对于高硬度的工件材料,需采用电火花穿孔加工,穿丝孔的直径与工件厚度有关,一般直径为3~10 mm。

(2)塌角。

电极丝的直径一般在0.2 mm左右,在加工拐角时就会形成塌角,类似机械制造中的欠切,直接影响加工精度。为克服塌角,可以在工艺上采取各种拐角策略:如采用程序超切和拐角处暂停等。低速走丝线切割机有进给伺服自动控制功能,检测到加工区电极丝走到拐角点后再转向,就保证了拐角精度。

小提示

线切割断丝原因分析:
①加工电流过大,脉冲间隔小。
②电极丝抖动厉害。
③工件表面有毛刺或氧化皮。
④进给调节不当,开路或短路频繁。
⑤工作液太脏。
⑥导电块未与钼线接触或被拉出凹痕。
⑦工件材料变形,夹断电极丝。
⑧工件跌落,撞断电极丝。

(3)多次切割工艺。

线切割多次切割工艺与机械制造工艺一样,先粗加工,后精加工,先采用较大的电流和补偿量进行粗加工,然后逐步用小电流和小补偿量一步一步精修,从而达到高精度和低粗糙度。目前,低速走丝线切割加工普遍采用了多次切割加工工艺,高速走丝多次切割工艺正在实验之中。例如,加工凸模(或柱状零件)如图2-3-12(a)所示,在第一次切割完成时,凸模就与工件毛坯本体分离,第二次切割将切割不到凸模。所以在切割凸模时,大多采用如图2-3-12(b)所示的方法。

如图2-3-12(b)所示,第一次切割的路径为$O—O_1—O_2—A—B—C—D—E—F$,第二次切割的路径为$F—E—D—C—B—A—O_2—O_1$,第三次切割的路径为$O—O_1—O_2—A—B—C—D—E—F$。这样,当$O_2—A—B—C—D—E$部分加工好,O_2E段作为支撑尚

未与工件毛坯分离。O_2E 段的长度一般为 AD 段的 1/3 左右，太短了则支撑力可能不够。在实际中采用的处理最后支撑段的工艺方法很多，下面介绍常见的几种：

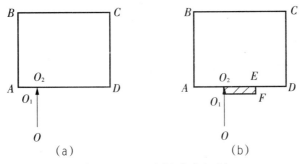

图 2-3-12　凸模多次切割

①首先沿 O_1F 切断支撑段，在凸模上留下一凸台，然后再在磨床上磨去该凸台。这种方法应用较多，但对于圆柱等曲边形零件则不适用。

②在以前的切缝中塞入铜丝或铜片等导电材料，再对 O_2E 边多次切割。

③用一狭长铁条架在切缝上面，并将铁条用金属胶胶接在工件和坯料上，再对 O_2E 边多次切割。

任务评价

工件的安装与校正任务评价见表 2-3-1。

表 2-3-1　工件的安装与校正评价表

评价内容	评价标准	分值	学生自评	教师评价
任务准备	正确调整机头位置，正确选择夹具类型、件数，清理工件、去毛刺	25分		
装夹工件	装夹方法正确，压紧恰当	20分		
校正工件	按步骤校准工件加工位置	25分		
设定机头高度	正确设置机头高度	20分		
情感评价	能做到虚心学习，不懂主动问老师，帮助同学，爱护设备等	10分		
学习体会：				

（1）常见的工件装夹方法有哪几种？

（2）自行选择毛坯，分别用不同的方式装夹并校正。

任务四　图形绘制与程序生成

 任务目标

（1）具备用机床软件进行绘制和编辑工件图形的能力。

（2）确定切割参数，设定切割补偿量，生成加工轨迹。

（3）对加工轨迹进行仿真，以验证加工轨迹的正确性。

（4）将加工轨迹生成G代码。

 任务分析

　　该工作任务是用数控电火花线切割机床完成凸模零件的线切割加工。零件的线切割加工平面图如图2-4-1所示，加工设备为沙迪克电火花线切割机床。线切割加工用的电极丝直径为0.2 mm。

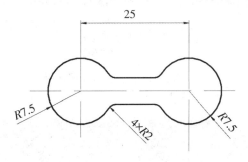

图2-4-1　凸模零件图

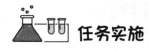 任务实施

一、任务准备

　　仔细阅读图纸，分析以下几个方面的问题。

　　（1）确认图纸是第一视角还是第三视角。

（2）单位公差、已标注公差和未标注公差。

（3）哪些是要线割的。

（4）线割处的厚度。

（5）能不能贴面加工。

（6）基准在哪里，零点在哪里，是要分中还是要碰单边取数。

（7）想好怎样装夹和取数，装夹时还需要哪些工具。

二、操作步骤

（1）图形绘制。

单击"UTY"，选择"HeartNC"菜单按钮进入绘制图形界面，如图2-4-2所示。

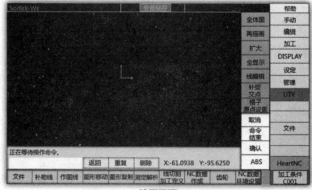

图2-4-2　进入绘图系统

点击左下角"文件"按钮，弹出如图2-4-3所示菜单，点击"新建"按钮。

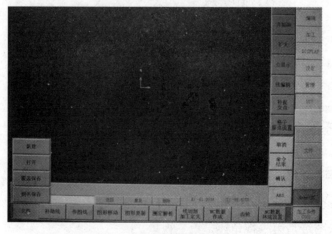

图2-4-3　新建文件

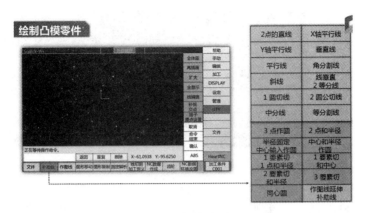

图 2-4-4 绘制图形

如图 2-4-4,屏幕的右侧、下方为作图画面相关的菜单,即设定作图画面(屏幕)菜单。可进行显示状态、光标捕捉方式、线型、线色的设定和更改,这些为可中断功能。

光标是白色"十"字形状,和鼠标连动。在作图画面里,用于指定要素及坐标值。在菜单及对话框里呈箭头显示,可以点击菜单及按钮。

屏幕中间是作图画面,是图面数据的显示、生成、编辑和对话框的显示等具体操作区域。

屏幕下方是主菜单,"HeartNC"的主功能菜单。从画面数据的生成到 NC 程序的变换为止的一系列的处理都可通过主菜单内的功能进行。

补充:有的菜单点击后直接运行,也有的菜单含有下级子菜单。

利用主菜单里的"补助线"和"作图线"命令绘制凸模图形,如图 2-4-5 所示。

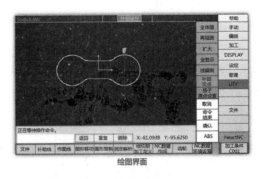

图 2-4-5 绘制凸模图形

本例题为凸模,故在图形外围的合适位置绘制穿丝孔,如图 2-4-6 所示。至此,图形绘制部分完成。

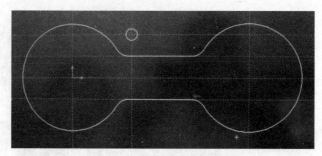

图2-4-6　绘制穿丝孔

（2）加工编程。

图形绘制完毕后，点击如图2-4-7所示按钮，进入"线切割加工定义—凸模"状态，弹出如图2-4-8所示对话框[加工方向里本例题选择"左旋（逆时针）"，因为穿丝孔的位置靠近直线部分的左边，如靠右，则可选择顺时针]。

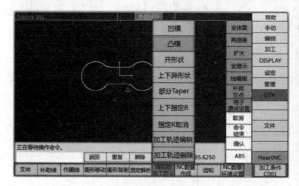

图2-4-7　线切割加工定义

图2-4-8　定义参数

参数如图2-4-8所示定义后，点击"OK"按钮，弹出如图2-4-9所示"沙迪克数据库"对话框，在这里进行相应的条件选择。

条件的选择依次为加工液→线径→线材质→工件材质→板厚→加工状态→喷口位置→切割次数，选好后点击"条件检索"，弹出如图2-4-10所示"检索结果"对话框。

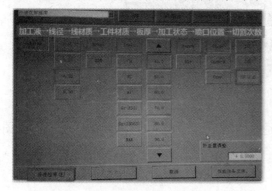

图2-4-9　条件选择

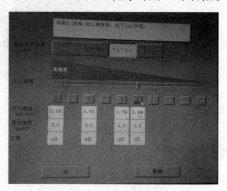

图2-4-10　检索结果

选择相应参数后,点击"OK"按钮,进入轨迹编辑画面,如图2-4-11所示。

进入编辑画面后,信息窗口显示"请点击生成路径的图形",这时在图形的轮廓线上用鼠标点击一下,会出现信息"请输入开始点坐标值或点击开始位置",如图2-4-12所示。

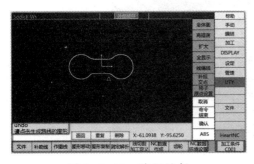

图2-4-11　路径编辑

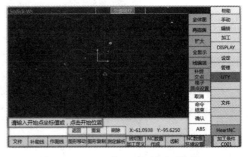

图2-4-12　定义穿丝孔位置

这时要输入穿丝孔坐标位置,输入完毕后,会显示"请点击接近要素",如图2-4-13所示。

确定好之后,图形加工路径生成,如图2-4-14所示。

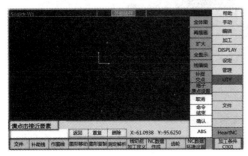

图2-4-13　定义开始切割

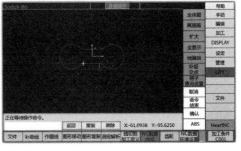

图2-4-14　路径编程完毕

然后点击"NC数据作成",如图2-4-15所示。

图2-4-15　输入NC文件名

输入文件名后点击"OK",程序文件就生成了。如果和已有文件重名,会弹出如图2-4-16所示对话框,如要覆盖按"是",否则点击"否",重新输入一个文件名即可。

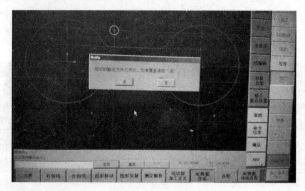

图2-4-16　确认NC文件名

确认后出现程序生成成功画面,如图2-4-17所示。

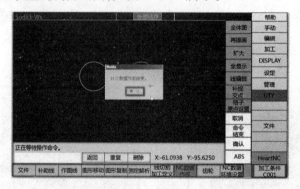

图2-4-17　NC数据生成结束

然后点击屏幕右上角的"编辑"按钮退出"HeartNC"系统部分,进入程序编辑界面,如图2-4-18所示。

图2-4-18　程序编辑画面

点击"装载"按钮,选择刚才编辑的NC文件名,如图2-4-19所示。

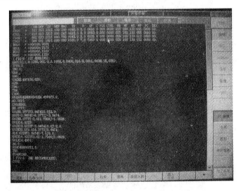

图2-4-19　调入程序

在这里可以对程序进行编辑和处理操作,如图2-4-20所示。

图2-4-20　程序编辑、处理

编辑、处理好程序后,点击"图形"按钮,进入输入描画条件界面,如图2-4-21所示。

图2-4-21　输入描画条件

输入好参数后,点击"描画加工轨迹"并"保存描画文件",如图2-4-22和图2-4-23所示。

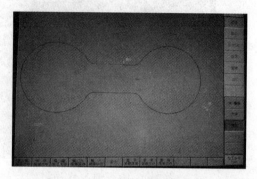

图2-4-22　描画加工轨迹

图2-4-23　保存描画文件

点击屏幕右上角的"加工"按钮,弹出如图2-4-24所示加工界面,把右下角的光标移到程序第一行,点击"ENT"键,则开始加工。

图2-4-24　加工界面

 **相关知识**

一、数控电火花线切割加工编程基础

1. 数控电火花线切割加工编程的概念

数控电火花线切割加工机床是按照事先编制好的加工程序,自动对零件进行加工。一般把编制数控程序的过程,称为数控电火花线切割加工编程。

数控电火花线切割加工编程的过程主要包括以下几点：

(1)根据加工图样进行工艺分析,确定加工方案。

(2)用规定的程序代码和格式编写工件加工程序,或用自动编程软件进行CAD/CAM工作直接生成工件的加工程序文件。

(3)程序的输入或传输。由手工编写的程序,可以通过数控机床的操作面板输入程序,由自动编程软件生成的程序,通过计算机的串行通信接口直接传输到数控机床的数控单元。

2. 数控电火花线切割加工编程的方法

数控电火花线切割加工编程的方法有两种:自动编程和手工编程。

(1)自动编程。

自动编程是指在计算机及相应软件的支持下,自动生成数控程序的过程。数控电火花线切割加工自动编程以计算机绘图为基础,编程人员先使用自动编程系统的CAD功能,构建出几何图形,其后利用CAM功能,设置好几何参数,产生出数控程序。

目前,自动编程日益广泛应用于数控电火花线切割加工编程。随着其功能越来越完善,对编程人员的技术水平要求也越来越低,既减轻了编程人员的劳动强度,也缩短了编程时间。自动编程适用于绝大多数加工场合的程序编制,可以有效地解决复杂零件的加工问题。

(2)手工编程。

手工编程采用各种数学方法,使用一般的计算工具,人工对编程所需的数据进行处理和运算,编程时加工的轨迹和加工参数等均由人为指定来完成。

手工编程适合于几何形状不太复杂的零件、程序坐标计算较为简单、程序段不多和程序编制易于实现的加工场合。在数控电火花线切割加工中,手工编程时由于要输入很多指令,比较容易出错,编程的过程比较烦琐,需要花费不少时间,因此在实际加工的编程中应用很少。

3. 程序输入数控系统

数控程序编好之后,需要通过一定的方法将其输入给数控系统。常用的输入方法如下:

(1)手动输入。

按所编程序的内容,通过操作数控系统提供的键盘上各数字、字母和符号键进行手动输入,同时利用"CRT"显示内容进行检查。

（2）用控制介质输入。

控制介质多采用穿孔纸带、磁带、磁盘等。穿孔纸带上的程序指令通过光电阅读机输入数控系统，控制数控机床工作，而磁带、磁盘是通过磁带收录机和磁盘驱动器等装置输入数控系统的。

（3）通过机床的通信接口输入。

将数控程序通过与机床控制的通信接口和连接的电缆直接快速输入机床的数控装置中。

二、编程的常识

1.机床坐标轴

所谓坐标轴，就是在机械装备中具有位移（线位移或角位移）控制和速度控制功能的运动轴，它有直线坐标轴和回转坐标轴之分。

基本坐标轴的方向可按以下原则确定：

（1）面对工作台左右方向为 X 轴，右边为 X 轴的正向，左边为 X 轴的负向。

（2）面对工作台前后方向为 Y 轴，前面为 Y 轴的正向，后面为 Y 轴的负向。

（3）主轴头运行的上下方向为 Z 轴，向上为 Z 轴的正向，向下为 Z 轴的负向。

在直角坐标轴 X、Y、Z 的基础上，另有轴线平行于它们，则这些附加的直角坐标轴分别称之为 U、V、W。这些附加坐标轴的运动方向，可按决定基本坐标轴运动方向的方法来确定。U、V 属于数控电火花线切割加工常用的编程轴。

2.绝对编程与增量编程

在数控电火花线切割加工中，轴移动方式有绝对方式和增量方式两种。绝对方式是以各轴移动到终点的坐标值进行编程的，称为绝对编程。增量方式是以各轴的位移量来编程的，称为增量编程。

对应绝对编程与增量编程，有两种坐标系：绝对坐标系和增量坐标系。绝对坐标系每一点的坐标值都是以所选坐标系原点为参考点而得到的；而增量坐标系其数值则是以上一个点为参考点而得到的。绝对坐标系的参考点为坐标原点（零点），在程序运行中是固定不变的；增量坐标系的参考点是随着运动位置的变化而变化的。在定位时，如果使用增量坐标，若输入了错误的坐标值，就会影响到其后所有的定位。

数控电火花线切割加工编程中，为了保证加工中轴的正确运动，应指定绝对或增量编程方式，根据实际加工情况来选择。机床在缺省情况下为绝对编程方式，可根据需要进行切换。在指定了一种方式后,机床就会保持这种方式的状态,直到它被切换。

三、线切割常用的ISO代码简介

ISO格式是国际上通用的线切割程序格式,我国生产的线切割系统也正逐步采用ISO格式。

1.ISO代码程序格式

一个完整的零件加工程序由多个程序段组成。一个程序段由若干个代码字组成。每个代码字由一个地址(用字母表示)和一组数字组成,有些数字还带有符号。如"G02"总称为代码字,其中"G"为地址,"02"为数字组合。

每个程序都必须指定一个程序号,并编在整个程序的开始。程序号的地址为英文字母(通常设为O,P,%等),紧接着为4位数字,可编的范围为0001~9999。如O0018、P1532、%0965。

程序段由程序段号及各种字组成。其格式如下:

N0020   G03   X20.0   Y20.0   I30.0   J10.0

N为程序段号地址,程序段号可编的范围为0001~9999。程序段号通常以每次递增1以上的方式编号,如N0010,N0020,N0030……每次递增10,其目的是留有插入新程序的余地。

G为指令动作方式的准备功能地址,可指令插补、平面和坐标系等,其后续数字一般为两位数(00~99)。例如,G00,G02,G91(G功能指令下面会详细介绍)。

尺寸坐标字主要用于指定坐标移动的数据,其地址符为:X,Y,Z,U,V,W,I,J,K,A等。如:X,Y,Z指定到达点的直线尺寸坐标;I,J,K指定圆弧中心坐标的数据;A指定加工锥度的数据。线切割ISO代码中还有其他一些常用代码,其形式和功能如下:

M为辅助功能地址,其后续数字一般为两位数(00~99)。如M02。

地址T用于指定操作面板上的相应动作的控制。如T80表示送丝,T81表示停止送丝。

地址D,H用于指定补偿量。如D0001或者H001表示取1号补偿值。

地址L用于指定子程序的循环执行次数。如L3表示循环3次。

2.G指令

G指令是数控电火花线切割加工编程中最主要的指令,它是设立机床工作方式或控制系统工作方式的一种命令。

（1）指令的类型。

G指令大体上可分为两种类型。

①"模态指令"又称"续效指令"，在程序段中一经指定，便一直有效，直到后面出现同组另一指令或被其他指令所取代。编写程序时，与上段相同的模态指令可以省略不写。不同组模态指令编在同一程序段内，不影响其续效。如G01、G91等。

②"非模态指令"又称"非续效指令"，其功能仅在出现的程序段有效。只对指令所在程序段起作用，称为非模态，如G04、G92等。

数控电火花线切割加工常用的G代码见表2-4-1。

表2-4-1　线切割机床的模态与非模态G代码一览表

G代码	功能	属性
G00	快速运动,定位指令	模态
G01	直线插补加工指令	模态
G02	顺时针圆弧插补加工指令	模态
G03	逆时针圆弧插补加工指令	模态
G04	暂停指令	非模态
G11	打开跳段	模态
G12	关闭跳段	模态
G30	取消延长	模态
G31	延长给定距离	模态
G40	取消补偿	模态
G41	电极左补偿	模态
G42	电极右补偿	模态
G50	取消锥度	模态
G51	向左倾斜	模态
G52	向右倾斜	模态
G54	选择工作坐标系1	模态
G55	选择工作坐标系2	模态
G56	选择工作坐标系3	模态
G57	选择工作坐标系4	模态
G58	选择工作坐标系5	模态
G59	选择工作坐标系6	模态

续表

G代码	功能	属性
G60	上下异形取消	模态
G61	上下异形加工	模态
G90	绝对坐标指令	模态
G91	增量坐标指令	模态
G92	指定坐标原点	非模态

（2）G代码的解释。

①G00（快速定位指令）。

快速定位指令"G00"使电极丝按机床最快速度移动到指定位置。

格式：G00 X＿ Y＿；

②G90,G91,G92（坐标指令）。

G90：绝对坐标指令,采用本指令后,后续程序段的坐标值都应按绝对方式编程,即所有点的表示数值都是在编程坐标系中的点坐标值,直到执行"G91"为止。

格式：G90 X＿ Y＿；

G91：相对坐标指令,采用本指令后,后续程序段的坐标值都应按增量方式编程,即所有点的表示数值均以前一个坐标位置作为起点来计算运动终点的位置矢量,直到执行"G90"为止。

格式：G91 X＿ Y＿；

G92：设定坐标原点指令,指定电极丝起点坐标值。

格式：G92 X＿Y＿；

③G01（直线插补加工指令）。

直线插补加工指令"G01"使电极丝从当前位置以进给速度移动到指定位置。

格式：G01 X＿Y＿；

例1　如图2-4-25所示,电极丝从A点以进给速度移动到B点,试分别用绝对方式和相对方式编程。

已知：起点坐标为A(20,-30),终点坐标为B(80,45)。

按绝对方式编程：

　　　N0010　G54　G90　G92　X20　Y-30；

　　　N0020　G01　X80　Y45；

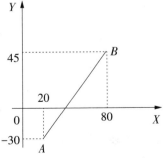

图2-4-25　直线插补示意图

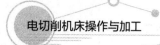

按相对方式编程：

    N0010   G54   G91   G92   X20   Y-30；

    N0020   G01   X60   Y75；

④G02,G03（圆弧插补加工指令）。

圆弧插补加工指令"G02"和"G03"用于切割圆或圆弧，"G02"为顺时针圆弧插补，"G03"为逆时针圆弧插补。

    格式：G02 X＿Y＿I＿J＿；

    或   G02 X＿Y＿R＿；

           G03 X＿Y＿I＿J＿；

    或   G03 X＿Y＿R＿；

其中，X，Y的坐标值为圆弧终点的坐标值。用绝对方式编程时，其值为圆弧终点的绝对坐标；用增量方式编程时，其值为圆弧终点相对于起点的坐标。I，J为圆心坐标。用绝对方式或增量方式编程时，I和J的值分别是在X方向和Y方向上，圆心相对于圆弧起点的距离。I，J为0时可以省略。

在圆弧编程中，也可以直接给出圆弧的半径，而无须计算I和J的值。但在圆弧圆心角大于180°时，R的值应加负号（-）。R方式只能用于非整圆编程，对于整圆，必须用I和J方式编程。

例2 如图2-4-26所示，电极丝从A点沿着圆弧切割到B点，试分别用绝对方式和相对方式编程。

已知：起点坐标为A(48.3,10)，终点坐标为B(20,50)，圆心坐标为(20,20)。

按绝对方式编程：

    N0010   G54   G90   G92   X48.3   Y10；

    N0020   G03   X20   Y50   I-28.3   J10；

按相对方式编程：

    N0010   G54   G91   G92   X48.3   Y10；

    N0020   G03   X-28.3   Y40   I-28.3   J10；

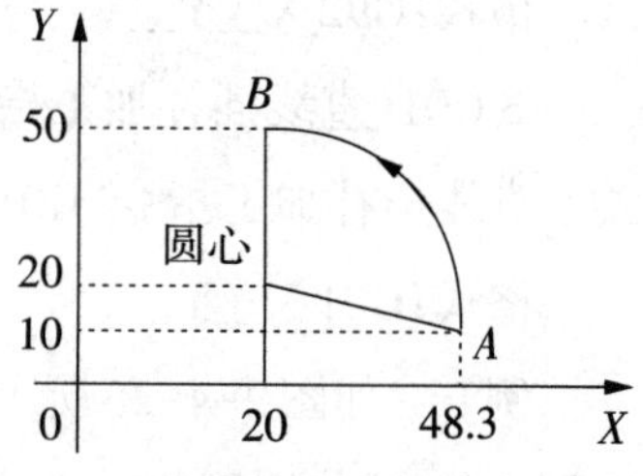

图2-4-26 圆弧插补示意图

⑤G40,G41,G42（电极丝补偿指令）。

为了消除电极丝半径和放电间隙对加工精度的影响，电极丝中心相对于加工轨迹需偏移一给定值。

如图2-4-27所示，G41（左补偿）和G42（右补偿）分别是指沿着电极丝运动的方向前进,电极丝中心沿加工轨迹左侧或右侧偏移一个给定值,G40(取消补偿)为补偿撤销指令。

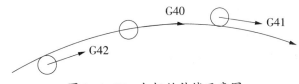

图 2-4-27　电极丝补偿示意图

格式:G41 D＿或 G41 H＿;

　　　G42 D＿或 G42 H＿;

　　　G40;

⑥G50,G51,G52(锥度加工指令)。

G50 为消除锥度,G51 为锥度左偏,G52 为锥度右偏。当顺时针加工时,G51 加工出来的工件上大下小,G52 加工出来的工件上小下大;当逆时针加工时,G51 加工出来的工件上小下大,G52 加工出来的工件上大下小。

格式:G51 A＿;

　　　G52 A＿;

　　　G50;

⑦G05,G06,G07,G08,G09(镜像及转换指令)。

这些指令是常用指令,表 2-4-1 未做说明。对于加工一些对称性好的工件,可以利用原来的程序以省时间。

G05 为 X 向镜像,函数关系为:$X=-X$,示意图如图 2-4-28(a)。

G06 为 Y 向镜像,函数关系为:$Y=-Y$,示意图如图 2-4-28(b)。

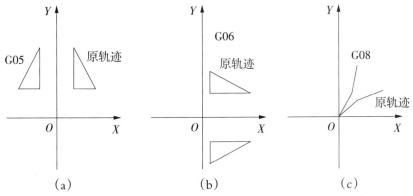

（a）　　　　　　　　　（b）　　　　　　　　　（c）

图 2-4-28　镜像及转换指令示意图

G07为Z向镜像,使用较少。

G08为X/Y轴转换,函数关系为:X=Y,示意图如图2-4-28(c)。

G09为取消镜像及X/Y轴转换。

3.M功能指令(辅助功能指令)

M功能指令用于控制机床中辅助装置的开关动作或状态,见表2-4-2。

表2-4-2　数控电火花线切割机床常用的M代码

代码	功能
M00	程序暂停执行
M01	程序有选择地暂停
M02	程序结束停止
M05	忽视接触感知
M84	恢复脉冲放电
M85	切断脉冲放电
M98	子程序调用
M99	子程序结束,返回

M00用于暂停程序的运行,等待机床操作者的干预,如检验、调整、测量等。待干预完毕后,按机床上的"启动"按钮,即可继续执行暂停指令后的加工程序。

M02用于结束整个程序的运行,停止所有的G功能及与程序有关的一些运行开关。

M05用于忽视接触感知。电极丝在定位时,要用G80代码使电极丝慢速接触工件,一旦接触到工件,机床就停止动作。若要再移动,一定要先输入M05代码,取消接触感知状态。

M98用于调用子程序。在一个程序中,同样的程序段组会多次重复出现。若把这些程序段统定为一个程序,则可减少编程的烦琐,缩短程序长度,减少错误。这样固定的一个程序称为子程序,调用子程序的程序称为主程序。

M98的格式为:M98 P(子程序的开始程序段号)L(循环次数)。

M99用于子程序结束。执行此代码,子程序结束,程序返回到主程序中去,继续执行主程序。

4. T功能指令

T代码与机床操作面板上的手动开关相对应。在程序中使用这些代码,可以不必人工操作面板上的手动开关,见表2-4-3。

表2-4-3 数控电火花线切割机床常用T代码

代码	功能
T80	电极丝送进
T81	电极丝停止送进
T82	加工介质排液
T83	保持加工介质
T84	液压泵打开
T85	液压泵关闭
T86	加工介质喷淋
T87	加工介质停止喷淋
T90	切断电极丝
T91	电极丝穿丝
T96	向加工槽送液
T97	停止向加工槽送液

任务评价

图形绘制与程序生成任务评价见表2-4-4。

表2-4-4 图形绘制与程序生成评价表

评价内容	评价标准	分值	学生自评	教师评价
绘制和编辑工件图形	能绘制图形、编辑图形	20分		
确定切割参数,设定切割补偿量	设置切割参数正确,设置切割补偿量正确	20分		
生成加工轨迹	能正确生成轨迹	15分		
对加工轨迹进行仿真	能正确完成加工轨迹仿真	15分		
将加工轨迹生成G代码	生成G代码正确	10分		
输出程序	正常输出程序	10分		
情感评价	能做到学习态度好,不懂多问,爱护设备,尊敬老师等	10分		
学习体会:				

（1）如图2-4-29所示60°样板零件，材料为5 mm厚的薄铁板，电极丝的直径是0.20 mm的铜丝，单边放电间隙为0.02 mm。试制订线切割加工工艺、切割次数、起点位置及切割路线，写出加工程序并加工。

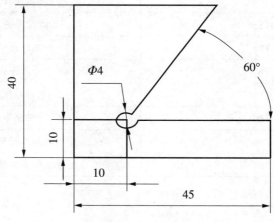

图2-4-29　60°样板

（2）用电火花线切割机床完成如图2-4-30所示的工件，材料为5 mm厚的铁板，电极丝的直径是0.20 mm的铜丝，单边放电间隙为0.01 mm。试制订线切割加工工艺、切割次数、起点位置及切割路线，写出加工程序并加工。

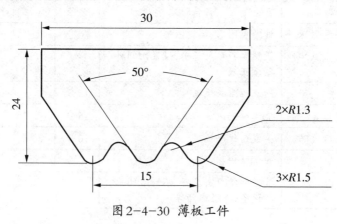

图2-4-30　薄板工件

项目三 凹模线切割加工

该项目是用数控电火花线切割机床完成凹模零件的线切割加工，通过对凹模零件的线切割加工，掌握模具凹模零件的加工操作方法及注意事项，熟练掌握数控电火花线切割机床的上丝、穿丝等基本操作方法及工件的找正操作方法，如下图所示。

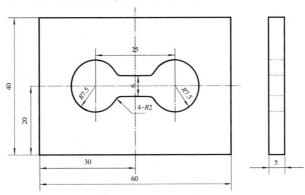

凹模零件图

目标类型	目标要求
知识目标	(1)熟悉机床操作面板及手控面板 (2)熟悉数控电火花线切割加工原理 (3)理解数控电火花线切割机床的特点、应用、分类 (4)熟悉数控电火花线切割加工常用名词术语
技能目标	(1)能正确进行穿丝孔的加工，电极丝的上丝、穿丝，电极丝垂直找正和电极丝精确定位等操作 (2)能使用打表法对工件进行装夹及找正 (3)能正确制订凹模零件的加工工艺，并能操作数控电火花线切割机床完成凹模零件的加工并保证零件精度 (4)会处理线切割加工中出现的常见故障，并能正确分析产品质量及影响质量的原因
情感目标	(1)在学习电火花线切割机床的开关机操作过程中，养成爱护设备的良好习惯 (2)在机床操作面板及手控面板上各功能键操作练习中，养成虚心学习、不懂多问的学习习惯 (3)尊重老师，团结互助

任务一　对边与对中

任务目标

（1）学会对边的方法。

（2）能进行定中心操作。

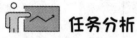

任务分析

在凹模零件加工之前，首先，我们要做的事是弄明白工件的零位在哪里（依图为准），零位不同，方法也有所不同。一般确定零位分以下两种情况：对边和定中心操作。

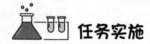

任务实施

一、任务准备

（1）工作台与工件清理整洁。

（2）工件安装并找正。

（3）穿丝并校直。

二、操作步骤

1. 对边

假设起丝点在工件的端面，电极丝直径为0.18 mm，起丝点与另一边的距离为15 mm，如图3-1-1所示，其操作步骤如下：

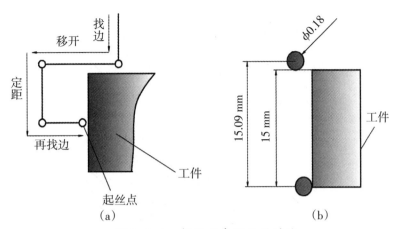

图 3-1-1 起丝点在端面的对边

第一步,在上方找边。找到边后,Y坐标清零。这与普通车床对刀时的对零类似。

第二步,利用手控盒使电极丝X向移动离开工件。

第三步,Y向移动电极丝。这一步要使电极丝位置满足 15 mm 的距离。由于电极丝有一定的半径,所以,必须考虑电极丝的半径补偿。假设电极丝的半径为0.09 mm,那么实际移动距离为 15.09 mm,即多移动一个电极丝半径的距离,如图3-1-1(b)所示。

第四步,X向移动电极丝找边定位,到达起丝点,完成对边操作。

2. 定中心操作

定中心操作又称为"对中"。对于有穿丝孔的工件,常把起丝点定在圆孔的中心,孔加工时,必须把电极丝移到孔的中心处,这就是定中心。

对于加工要求较低的工件,在确定电极丝与工件基准间的相对位置时,可以直接利用目测或借助2~8倍的放大镜来进行观察。如图3-1-2所示为利用穿丝处画出的"十"字基准线。分别沿画线方向观察电极丝与基准线的相对位置,根据两者的偏离情况移动工作台,当电极丝中心分别与纵、横方向基准线重合时,工作台纵、横方向上的度数就确定了电极丝中心的位置。

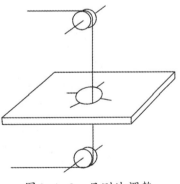

图 3-1-2 目测法调整
电极丝位置

自动定中心是通过四次找边操作来完成的,如图3-1-3所示。操作步骤如下:

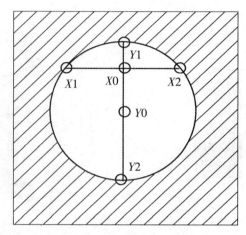

图 3-1-3　自动定中心

（1）在已完成准备工作的线切割机床上装夹有φ20孔的工件,除去孔内毛刺,清洁孔内壁。

（2）按穿丝操作要求把电极丝穿过φ20孔。

（3）点击"无代码",选择"孔中心",按对话窗的要求输入参数,然后按启动按钮"ENT"键,如图3-1-4所示。

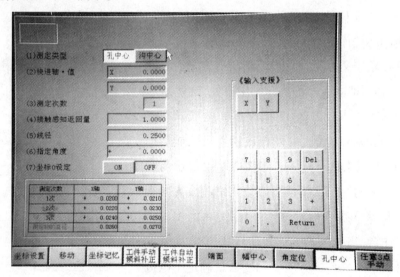

图 3-1-4　输入参数

（4）再次进行找中心操作,记录中心的坐标值,并与第一次找中心的坐标值相对比。如果两次中心的坐标相差较大,试分析原因,并再次找中心。

（5）在实际操作中认真填写实训表,见表3-1-1。

表3-1-1　电极丝自动找中心操作实训表

实训内容	中心坐标	分析	注意事项
第一次找中心			
第二次找中心			除去孔内毛刺，清洁孔内壁
第三次找中心			
第四次找中心			

相关知识

一、穿丝孔的加工

凹模类封闭工件在线切割加工前必须有穿丝孔，以保证工件的完整性。在加工凸形类工件时也有必要加工穿丝孔。由于材料在切断时，会破坏材料内部应力的平衡造成材料的变形，影响加工精度，严重时会造成夹丝、断丝。采用穿丝孔，可以使工件保持完整，减小材料变形造成的误差。

（1）穿丝孔直径大小应适当，一般为2~10 mm，如果穿丝孔直径过小，既增加钻孔难度又不方便穿丝。穿丝孔过大，会增加钳工的工作量。

（2）穿丝孔是电极丝相对工件运动的起点，是线切割程序执行的起点，一般选择在工件的基准点处。

（3）对于凸模类工件，通常在毛坯件附近设置穿丝孔，切割时运动轨迹与毛坯件边缘距离大约5 mm。

（4）切割凹模类工件，穿丝孔的位置一般选择在待切割型孔（腔）的边角处，缩短切割行程，力求最短。

（5）切割圆形类工件，可将穿丝孔位置选择在孔中心，便于编程与操作。

（6）穿丝孔应在工件淬火之前加工好，加工后应清理铁屑、毛刺和杂质。

二、电极丝精准定位的操作方法

线切割加工之前，尤其是加工凹模时，须将电极丝定位在一个相对工件基准的切割点上，作为切割起始坐标点，这就要对电极丝进行定位，一般采用目测法、火花法、接触感知法和自动找正法对电极丝进行定位。

1. 电极丝精准定位的必要性

如图 3-1-5 所示,工件 1 的外形已经加工好,只需加工中间的圆孔。工件 2 齿轮的轴孔及齿已经加工好,只需加工键槽。在加工这两个工件时需要把切割起点定在中心,避免加工的圆孔或键槽位置偏移,也就是开始加工前要把电极丝定位在工件的中心位置。

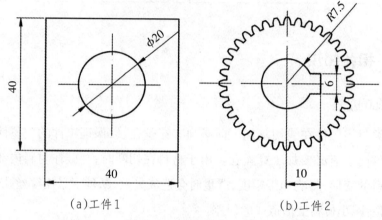

（a）工件 1   （b）工件 2

图 3-1-5   工件加工图

2. 电极丝基准定位操作方法

（1）自动找圆心法。

如图 3-1-5 所示的工件 2,装夹好工件,把电极丝从齿轮的轴孔内穿过,电极丝不要碰到孔壁,孔壁不能有毛刺等杂物,进入机床参数操作面板,用鼠标点击"孔中心"按钮,设定好参数,按启动按钮"ENT"键,机床开始进行自动找圆心,当机床停止移动,电极丝就停止在圆心的位置上,自动找正完毕。

自动找圆心的原理是采用分中的原理,电极丝分别在 X、Y 方向上碰到孔壁的两边后自动回到中间的位置,如图 3-1-6 所示。

（2）手动移动工作台方法。

装夹好工件,把电极丝在工件外部穿好,电极丝与工件基准面 A 接触,把 Y 向调为 0,再把电极丝移到 B 点处(注意只能在 X 向移动,不能在 Y 向移动),把电极丝移到 C 点处,距离为"25+电极丝半径"。电极丝与工件基准面 D 接触,把 X 向调为 0,把电极丝

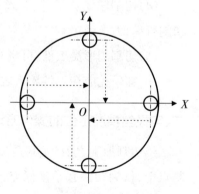

图 3-1-6   自动找圆心原理

拆下(注意从 *C* 到 *D* 只能在 *X* 向移动,不能在 *Y* 向移动),把电极丝从 *D* 往+*X* 方向移动,距离为"25+电极丝半径",电极丝定位完毕,把丝穿好。如图3-1-7所示。

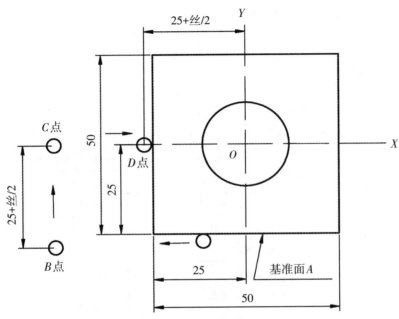

图3-1-7　手动移动工作台方法示意图

四、编程时程序起点、进刀线和退刀线的选择

1. 程序起点的选择

程序起点一般是切割起点。由于加工过程中存在各种工艺因素的影响,会产生加工痕迹,使精度和外观质量下降,为了避免或减小加工痕迹,程序起点应按以下原则选定:

(1)被切割工件表面粗糙度要求不同时,应在粗糙度要求较低的面上选择起点。

(2)工件表面粗糙度要求相同时,则尽量在截面图形的相交点上选择起点。当图形有若干相交点时,尽量选择相交角较小的交点作为起点。当相交角相同时,起点选择顺序是:直线与直线的交点、直线与圆弧的交点、圆弧与圆弧的交点。

(3)对于工件各切割面既无技术要求又没有成型面交点的工件,程序起点尽量选择在便于修复的位置上。如外轮廓的平面和半径较大的圆弧面,避免选择在凹入部分的平面或圆弧上。

2. 选择进刀线与退刀线的注意事项

(1)进刀线和退刀线不与第一条边重合。

（2）进刀线和退刀线不与第一条边夹角过小或距离过小。

（3）进刀线和退刀线最好在通过工件的中心线上。

（4）带补偿时，应从角平分线进刀。

任务评价

对边与对中任务评价见表3-1-2。

表3-1-2　对边与对中评价表

评价内容	评价标准	分值	学生自评	教师评价
分析零件定位基准	能正确分析出定位基准	10分		
确定定位方案	能正确制订定位方案	10分		
工件及工作台打扫	工作台及工件打扫干净	5分		
工件安装	工件安装方法适当	15分		
工件找正	工件位置正确	5分		
穿丝并校直	能正确穿丝并校直	15分		
对边操作	能完成对边操作	15分		
定中心操作	能完成定中心操作	15分		
情感评价	能做到学习态度好，不懂多问，爱护设备，尊敬老师等	10分		
学习体会：				

（1）穿丝孔有什么作用？穿丝孔过大或过小会产生什么后果？

（2）加工中断丝怎么办？

任务二　凹模的线切割加工

任务目标

（1）能读懂图纸，正确进行穿丝孔的加工、电极丝的穿丝、电极丝垂直找正和电极丝精确定位等操作。

（2）能使用打表法对工件进行装夹及找正。

（3）能正确制订凹模零件的加工工艺，并能操作数控电火花线切割机床完成凹模零件的加工并保证零件精度。

（4）会处理在线切割加工中出现的常见故障，并能正确分析产品质量及影响质量的原因。

任务分析

该工作任务是用数控电火花线切割机床完成凹模零件的线切割加工，通过对凹模零件的线切割加工，掌握模具凹模零件的加工操作方法及注意事项，熟练掌握数控电火花线切割机床的上丝和穿丝等基本操作方法及工件的找正操作方法。如图3-2-1所示。

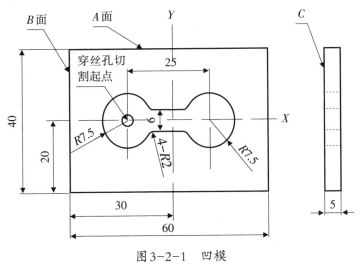

图 3-2-1　凹模

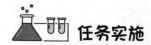

任务实施

一、任务准备

1.加工方案的确定

(1)该工作任务是用慢走丝线切割机床完成凹模零件的加工,材料厚度为5 mm的铁板或45#板,要求精度为±0.02 mm,表面粗糙度为Ra3.2。

(2)电极丝补偿的确定,采用φ0.20 mm的铜丝,单边放电间隙0.02 mm,电极丝的半径补偿为0.1 mm。

(3)夹具及工件装夹的选择。采用压板式装夹工件,用拉表法找正工件,如图3-2-2所示,以C面为定位,拉表保证A面与X轴平行。

(4)穿丝孔位置、切割起点及切割路线如图3-2-2所示,采用逆时针方向切割。

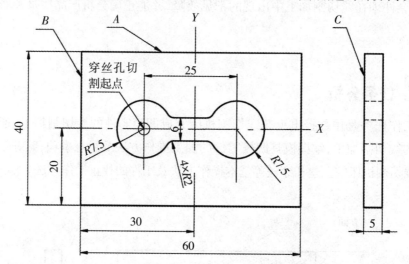

图3-2-2　穿丝孔位置、切割起点及切割路线

2.操作准备

(1)分析图纸及毛坯,确定并加工穿丝孔。

(2)电极丝的准备:机床已经上好电极丝,需要进行穿丝和找正等操作。

(3)工件装夹方法:工件为5 mm厚的薄板,采用压板装夹工件。

(4)电参数的选择:凹模采用一次性切割或多次切割成形,中途不需要转换参数。

(5)程序:采用机床自带绘图软件绘图并自动生成程序。

二、操作步骤

(1)装夹、找正和定位工件。

(2)穿丝及电极丝垂直找正。

(3)绘制图形、检查并校验程序。

(4)移动机床 X、Y 轴坐标,确定起割点位置。

在加工该凹模零件时,切割起点位置为 $X=-12.5$,$Y=0$ 处,具体步骤如图 3-2-2 所示。

采用绝对坐标,用火花法或接触感知法使电极丝分别与 A、B 面接触,将 Y、X 轴坐标值设置为 0,然后将电极丝拆下,用坐标移动法输入坐标值(要加上电极丝的半径值),移动到切割起点,进行穿丝。

(5)根据加工要求调整加工参数。

(6)启动机床并加工工件,同时要监控机床运行状况,发现问题及时停机。

(7)加工完毕后,卸下工件擦拭干净并进行测量。

(8)清理机床,打扫周围环境卫生。

三、工作总结

工件完成后,要进行总结,来达到不断提高的目的。

(1)对工件尺寸精度进行总结,找出如果尺寸超差是机床的问题还是测量的问题,为以后加工时尺寸精度的控制提出解决办法或合理化建议。

(2)对工件表面质量进行总结,找出表面质量有缺陷的原因,并提出解决办法。

(3)回顾整个加工过程,看看是否还有需要改进的地方。

四、安全操作注意事项

(1)穿丝孔要清除毛刺。

(2)电极丝与导电块接触要良好。

(3)工件装夹时,夹紧力不要太大,只要夹紧就行。

(4)切割时,喷流控制不易过大,防止飞溅。

(5)考虑装夹部位和进刀位置,保证切割路径畅通。

(6)切割时注意观察运行情况,防止故障发生。

相关知识

（1）跳步加工。

跳步加工是线切割工件中的重点，也是初学者的难点。模具线切割加工中的"工艺孔"是指为了保证最终的加工结果更好地满足图纸的要求而在线切割加工的特定工序阶段（加工之前或加工之中）所做出的具有一定形状和大小的孔。基于线切割加工的特点及测量方便等方面的考虑，线切割加工中所采用的"工艺孔"通常可以采用圆形、正方形或其他多种形状。

（2）多型孔零件切割时线径补偿的应用。

在数控线切割加工中，由于数控装置所控制的是电极丝的行走轨迹，而实际加工轮廓却是由丝径外圆和被切割金属产生电蚀作用而形成的。和数控铣床加工轮廓时需要考虑补偿一样，线切割加工时也必须考虑这一尺寸偏差，这在切割加工中称之为线径补偿。其值通常为：f=丝半径+单边放电间隙（+精加工余量）。

同样，线径补偿的编程控制也有编程预补偿和机床自动补偿两种方法。在编程预补偿和机床自动补偿两种方式中，采用机床自动补偿更具有灵活性。若线径改变后需要变更一个偏移量，只需改变补偿量的大小的设定；对整个轮廓轨迹重新补偿计算工作，则由机床数控装置自动完成，更改过程简单方便。事实上，对于冲模零件的线切割加工，采用机床补偿的方法相当方便。只需要按冲件图形尺寸编出一个程序，输入到机床控制系统中，以后再加工时再根据需要给定补偿量，再适当修改一下切入的程序段，即可分别加工出凸凹模及卸料板、固定板等的型孔。但是，如果采用编程预补偿，每变更一个偏移量值就必须对整个轮廓轨迹重新进行补偿编程计算，并且还需要重新将程序输入到数控装置中，因此工作量非常大。多型孔零件在用"3B"程序格式的快走丝线切割机床上通常都是在一次装夹的基础上采用各型孔独立编程加工的处理方法。

（3）跳步加工编程方法。

以数控电火花慢走丝线切割机床（以沙迪克AQ560LS机床为例）工件加工为例，如图3-2-3所示。

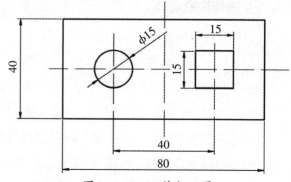

图3-2-3　工件加工图

先画好图,然后点击菜单的"线切割命令"选择路径,按照提示选择穿丝孔的"起点"→"切割点"→"切割方向"→"转换"→"下一个工件起点"→"切割点"→"切割方向"→"文件名"→"存盘"。这样计算机就自动生成跳步轨迹,如果想确认计算机是否按照我们的想法去加工,可以选择菜单的"检查"→"轨迹描画命令"进行轨迹仿真,这样就能在屏幕上仿真工件加工过程。按照生成的跳步轨迹,切割顺序是先切割圆,再切割方形,直到程序运行完机床停止下来,工件就切割完成。

任务评价

凹模的线切割加工任务评价见表3-2-1。

表3-2-1　凹模的线切割加工评价表

评价内容	评价标准	分值	学生自评	教师评价
分析图纸,确定加工方案	加工方案恰当	5分		
确定穿丝孔位置	穿丝孔位置合理	5分		
加工穿丝孔	能正确加工	10分		
装夹、找正、定位工件	能正确完成	10分		
上丝、穿丝及电极丝垂直找正	能正确完成	10分		
绘制图形、检查并校验程序	能正确完成	10分		
移动机床X、Y轴坐标,确定起割点位置	能正确完成	15分		
根据加工要求调整加工参数	参数设置正确	10分		
启动机床加工工件	能加工出工件	10分		
工件质量检测	工件质量符合图纸要求	10分		
情感评价	能虚心学习,爱护工具、量具及机床设备,注意加工环境卫生等	5分		

学习体会:

（1）用数控电火花慢走丝线切割机床加工凹模零件，材料为A3铁板或45#板，厚度为5 mm，电极丝直径为0.2 mm的铜丝，单边放电间隙为0.02 mm。制订线切割加工工艺并进行加工，如图3-2-4所示。

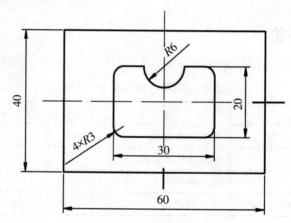

图3-2-4　凹模

（2）用数控电火花慢走丝线切割机床加工"R"形凹模零件，材料为A3铁板或45#板，厚度为5 mm，电极丝直径为0.2 mm的铜丝，单边放电间隙为0.02 mm。制订线切割加工工艺，写出加工程序并进行加工，如图3-2-5所示。

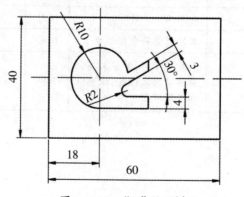

图3-2-5　"R"形凹模

项目四　锥度零件的线切割加工

　　本项目通过对下图两个典型锥度零件的加工,让读者更进一步熟悉电火花机床的操作方法及操作注意事项,能正确选择数控电火花线切割加工的电参数及非电参数,并能够利用机床加工出锥度类零件。

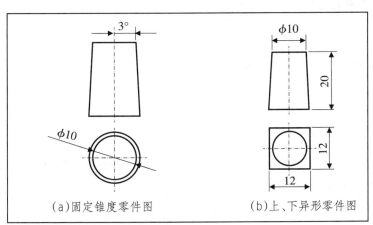

典型锥度零件

目标类型	目标要求
知识目标	(1)掌握线切割加工锥度零件的技巧与方法 (2)掌握线切割加工锥度零件的工艺过程
技能目标	(1)会使用机床自带软件绘制工件图形 (2)能正确进行线切割加工定义 (3)能描述线切割加工中几个典型参数的含义 (4)能完成典型锥度零件的加工
情感目标	(1)具有较强的安全和环保意识 (2)具有良好的职业道德、团队协作能力与实训创新能力,爱岗敬业 (3)有一定的自我学习能力和吸收新技术、新知识的意识 (4)尊重老师,团结互助

任务一　固定锥度零件的线切割加工

 任务目标

(1)学会锥度零件的加工方法。

(2)熟悉锥度零件的加工流程及参数设置。

 任务分析

本任务通过学习固定锥度零件的加工流程及参数设置,完成固定锥度零件的加工,如图4-1-1所示。

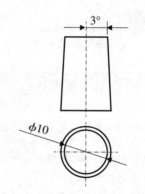

图4-1-1　固定锥度零件图

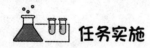 **任务实施**

一、任务准备

(1)打穿丝孔。

(2)视实际情况选择合适夹具和压板个数。

(3)清洁毛坯,装夹并找平。

(4)穿丝。

二、操作步骤

1. 图形绘制

如图4-1-2所示,点击"作图线"—"圆"—"中心和半径",左下角提示:

输入中心坐标:0,0。

输入半径:5。

完成半径为5的圆形的绘制。如需要图形满屏显示效果,则点击右方"全显示"按钮。

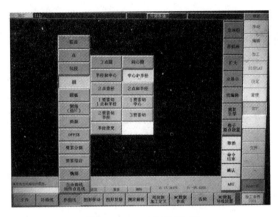

图4-1-2　圆的绘制

2. 线切割加工定义

点击屏幕下方"线切割加工定义"—"凸模"按钮,如图4-1-3所示,弹出"定义参数"对话框,如图4-1-4所示。

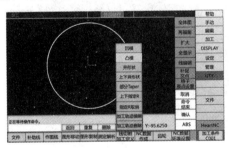

图4-1-3　线切割加工定义

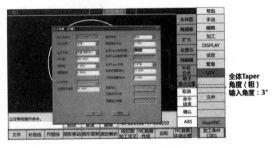

图4-1-4　定义参数

在"全体Taper角度(粗)"里输入角度3°,设置完成后点击"OK"按钮,弹出如图4-1-5所示"条件表检索"对话框。

按照左下角的提示,点选圆形,定义起割点,如图4-1-6所示。设置完毕后,点击下方"NC数据作成"按钮。

图4-1-5　条件表检索

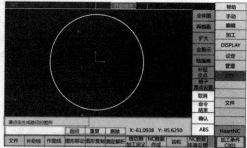

图4-1-6　切割路径、穿丝孔设置

输入文件名A1(自行确定文件名称),点击"OK"键。确认文件名,NC数据生成结束。如图4-1-7所示。

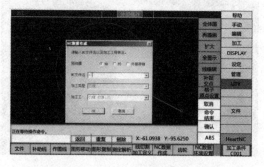

图4-1-7　NC数据作成

如图4-1-8所示,点击"编辑"—"装载"—"A1"—"OK",弹出如图4-1-9所示的A1程序画面。

图4-1-8　装载程序

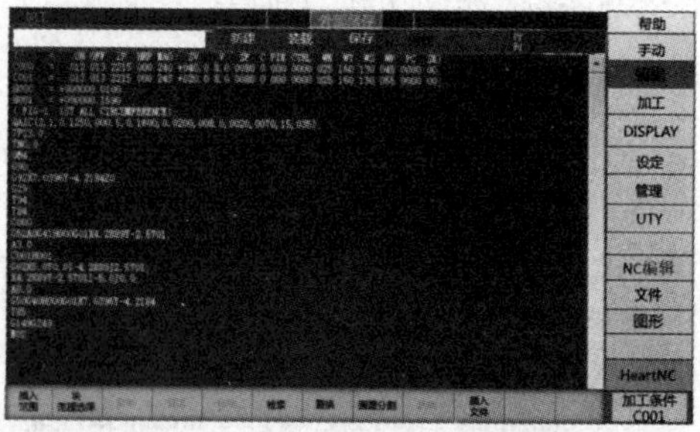

图4-1-9　程序内容

点击右侧"图形",弹出界面如图4-1-10所示。

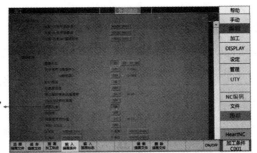

极限检查设为"ON"→

图 4-1-10　参数设置

"极限检查"设为"ON",点击下方"描画加工轨迹"按钮,然后点击"保存描画文件"按钮。

至此,程序生成完成。

3. 加工

点击右侧"加工"键,弹出如图 4-1-11 所示界面,右下角为程序内容,移动光标至程序第一行。按面板上的"ENT"键,加工开始。

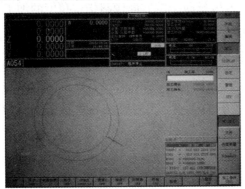

图 4-1-11　加工

加工完成后的固定锥度零件如图 4-1-12 所示,为一上小下大的圆台。

图 4-1-12　加工完成零件图

相关知识

数控慢走丝线切割机床的上、下导丝嘴两点形成一条直线,以下导丝嘴为 X、Y 轴固定点,上导丝嘴随 U、V 轴的移动产生锥度,U、V 轴移动距离越大,产生的锥度就越大。下导丝嘴平面为 X、Y 平面,上导丝嘴平面为 U、V 平面,工作台面为程序轨迹平面。在切直身零件(不带锥度)时,电极丝在这 3 个平面坐标点的垂直投影是重叠的,加工时机床显示的 X、Y 坐标值与程序中的坐标值相同,因此通常忽略了这 3 个平面的存在。但锥度加工时,处于不同高度的 3 个平面上的电极丝处于不同的坐标位置,机床执行加工时 X、Y 坐标值与程序轨迹的 X、Y 坐标值不同。

一般认为,锥度加工分为固定锥度加工与上、下异形锥度加工两类。

固定锥度加工指锥度是一定的,且其上、下表面具备相似的表面形状。有圆角时,上、下轮廓圆角的半径不同,这是因为在圆角处 X、Y、U、V 四轴均匀运动。固定锥度加工的 CAM 编程比较简单,设定主程序面的二维图形,再输入斜度即可,程序中的 G51 或者 G52 指令控制电极丝向指定方向倾斜指定角度的加工。

上、下异形锥度加工就是上、下程序面的形状是不相同的,加工中由 X、Y、U、V 四轴不均匀运动的一种切割方式,可分为上、下同 R 切割,变斜度切割和上、下轮廓相异切割 3 种方式。其中,上、下同 R 是指上、下轮廓面的圆角大小相等;变斜度是指不同几何元素的锥度可以各不相同;上、下轮廓相异是指上、下端面轮廓几何元素的数目不需要相同。

任务评价

固定锥度零件的线切割加工任务评价见表 4-1-1。

表 4-1-1　固定锥度零件的线切割加工评价表

评价内容	评价标准	分值	学生自评	教师评价
绘制图形	符合要求	10 分		
进行线切割加工定义	定义正确	10 分		
安装毛坯并找平	安装正确	20 分		
进行穿丝、打孔等准备工作	操作规范	20 分		
完整加工出锥度零件	完成产品	30 分		

续表

评价内容	评价标准	分值	学生自评	教师评价
情感评价	能主动学习,善于思考,不懂多问	10分		
学习体会:				

用电火花线切割机床完成图4-1-13所示的工件,材料为20 mm厚的铁板,电极丝是直径0.25 mm的铜丝,单边放电间隙为0.01 mm。试制订线切割加工工艺、切割次数、起点位置及切割路线,写出加工程序并加工。

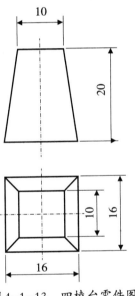

图4-1-13　四棱台零件图

任务二 上、下异形锥度零件的线切割加工

 任务目标

(1)学会异形零件的加工方法。

(2)熟悉异形零件的加工流程及参数设置。

 任务分析

本任务通过学习上、下异形零件的加工流程及参数设置,完成上、下异形零件的加工。如图4-2-1所示。

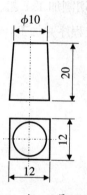

图4-2-1 上、下异形零件图

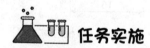 **任务实施**

一、任务准备

(1)打穿丝孔。

(2)视实际情况选择合适夹具和压板个数。

(3)清洁毛坯,装夹并找平。

(4)穿丝。

二、操作步骤

1. 图形绘制

如图4-2-2所示,点击"作图线"—"线段"—"长方形",左下角弹出相应提示。

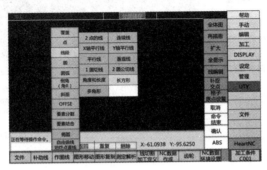

图4-2-2　图形绘制

请点击长方形的角或输入坐标:-6,-6。

请点击长方形对侧的角或输入坐标:6,6。

再点击"作图线"—"圆"—"中心和半径",在距中心为50 mm的位置绘制半径为5 mm的圆,然后点击下方"补助线"命令作四条通过中心的补助线,结果如图4-2-5所示。

上、下异形零件和固定锥度零件加工最大的一个差别是,必须把图形进行分割,然后对应各个相应位置的分割点,具体操作如下。

如图4-2-3所示,点击"作图线"—"要素分割",下面弹出相应提示。

请点击分割对象要素:鼠标点击圆形。

请点击要素上的点或输入坐标:分别点击45°斜线和圆的四个交点和矩形最右侧竖线的中点,即把圆分成四份,矩形以点断开。

再点击"作图线"—"圆"—"中心和半径",如图4-2-4所示,在距矩形中心为8 mm的位置绘制半径为0.8 mm的圆,然后以同样的方法在距圆心为8 mm的位置绘制半径同样为0.8 mm的圆,如图4-2-5所示,这样两圆的投影位置即为重合,以便在下面的线切割定义中设置为起割点。

图4-2-3　图形分割

图4-2-4 作起割点

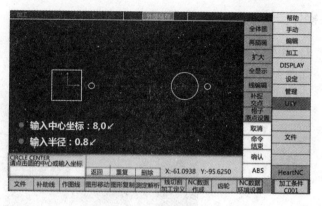

图4-2-5 起割点的绘制

2. 线切割加工定义

点击屏幕下方"线切割加工定义"—"上下异形状"按钮,如图4-2-6所示,弹出"定义参数"对话框,如图4-2-7所示。

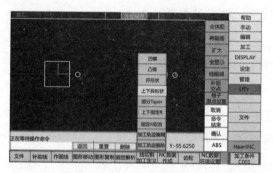

图4-2-6 线切割加工定义

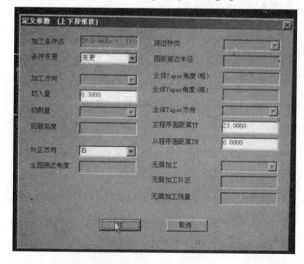

图4-2-7 定义参数

各参数设置如图4-2-7所示,设置完成后点击"OK"按钮,弹出如图4-2-8所示"条件表检索"对话框。

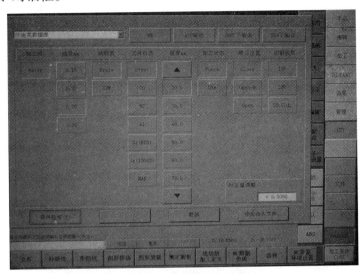

图4-2-8　条件表检索

如图4-2-8所示设置后,点击下方的"条件检索"按钮。按照左下角的提示,一步步点选上面的圆形,指定上开始孔,然后点选下面的方形,指定下开始孔,并点选加工方向,结果如图4-2-9所示。设置完毕后,点击右方"确认",然后点击下方"NC数据作成"按钮。弹出如图4-2-10所示对话框。

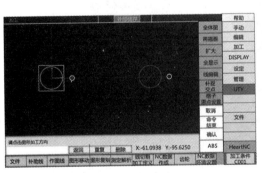

图4-2-9　切割路径、开始孔的设置

图4-2-10　NC数据作成

输入文件名A2(可自行确定文件名称),选择"上下异形状加工",点击"OK"键。确认文件名,NC数据生成结束。

点击右方"编辑"—"装载"—"A2"—"OK",如图4-2-11所示界面。弹出如图4-2-12所示的A2程序画面。

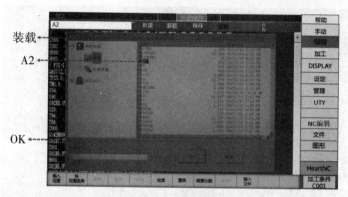

图 4-2-11　装载程序

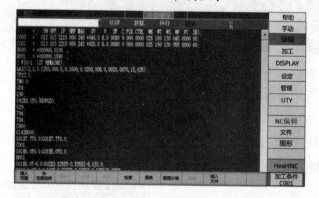

图 4-2-12　程序内容

点击右侧"图形",弹出界面如图4-2-13所示。

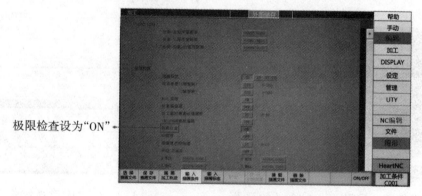

图 4-2-13　参数设置

"极限检查"设为"ON",点击下方"描画加工轨迹"按钮,然后点击"保存描画文件"按钮。至此,程序生成完成。

3.加工

操作过程参照项目四任务一,此处略。

任务评价

上、下异形锥度零件的线切割加工任务评价见表4-2-1。

表4-2-1　上、下异形锥度零件的线切割加工评价表

评价内容	评价标准	分值	学生自评	教师评价
绘制图形	符合要求	10分		
进行线切割加工定义	定义正确	10分		
安装毛坯并找平	操作正确	20分		
进行穿丝、打孔等准备工作	操作规范	20分		
完整加工出上、下异形锥度零件	完成产品	30分		
情感评价	能主动学习,善于思考,不懂多问	10分		
学习体会:				

参考文献
REFERENCE

[1]廖剑.模具线切割、电火花加工与技能训练[M].北京:电子工业出版社,2013.

[2]马长春.图解数控电火花线切割编程与操作[M].北京:科学出版社,2015.

[3]刘强.数控机床编程与操作(电加工机床分册)(第二版)[M].北京:中国劳动社会保障出版社,2011.